U0085128

微型MICRO-創業ENTERPRISE

必修課
COMPULSORY COURSE

辭掉過去自己，
用行動翻轉窮忙人生

人從來不是自己活，一個人之所以有著前進的動力，無非兩點，一個是有了奮鬥的目標，一個是有了想守護的人事物。在安琪拉身上，我看到了這兩點推動她永不停歇的動力、毅力與熱情！

在我擔任文化大學廣告系系主任期間，安琪拉在行銷領域的學習和實務表現便展現了她的創意和潛力，成為優秀的廣告人是她不懈努力的目標。

安琪拉大學畢業以後，轉往教育圈發展，在傳統教育體系作育英才、發光發熱，將傳道、授業、解惑視為一輩子要守護的志業，雖然領域不同，她依然善用所學，發掘自身內外潛能，不斷成長蛻變！

在現今隨著大環境，斜槓、複業風行而起之際，安琪拉以廣告行銷、企業經營管理、作育英才三領域經驗、理論與實務三角完美結合，在網路行銷的時代，開創了自己的一番精彩事業。

同時，安琪拉依舊沒有忘記，一直許諾終身的教育志業，樂意將其微型創業的規劃、所面臨的挑戰和因應之道，無私的分享給有心築夢的大眾，連我都想邀請她來系上演講，嘉惠未來的廣告行銷人了！

祝福所有勇敢追夢、微型創業的朋友，都能在這本「微型創業必修課」中找到你想要的答案，用行動開創自己想要的人生。

吉林市動畫學院廣告學院及文化產業商學院副院長
曾任中國文化大學廣告系系主任

羅文坤

英國大文豪狄更斯：「這是最好的時代，也是最壞的時代。」

好與壞始終不因身處什麼時代，而是在我們的心：一顆勇於追夢的心！

認識安琪拉超過 20 年，無論她在任何時間的軌道上，在她身上始終看到的就是源源不絕的正能量，這樣的一個能量體，註定是要發光發熱的！

果然，「安琪拉樂藝工作室」成立了，她真的把興趣當事業了！決定創業很簡單，真正付出行動不容易，因為大部分人總是恐懼戰勝渴望，這也是決定人與人差距的關鍵，所以只要心中有著那股正能量，任何時代都是最好的時代！

創業有成，把經驗彙整成可以清楚傳遞的觀點，就是「微型創業必修課」這本書的呈現！夢想、企圖心只能引發，沒法教授，能教的只有執行面的「該如何」，這本書就是一本「該如何」的地圖，讓創業者可以走的胸有成竹！

美好的未來，向來不屬於膽怯的人，鄭重推薦本書給勇於夢想的創業家！

美商如新公司 總裁級品牌大使

安琪拉老師是我 2017 年參加亞洲禪繞認證的同學，在那短短的四天學習課程裡，她的率直善良、活潑熱情，讓我印象深刻；認證課程進行到最後階段，安琪拉還成為我們的班長，常常聯繫接洽、分享許多事情，我們的 Line 群組裡也因為有她的熱情分享而顯得十分熱鬧。

我經營自己的身心靈工作室十多年，也認識了不少海內外學生、培養了不少老師，像安琪拉這樣不斷學習成長、願意無私分享的老師十分難能可貴。

欣聞安琪拉老師將自己多年行銷實務經驗分享，當我閱讀「微型創業必修課」時，心想這理論和實務並重的內容，是許多想要微型創業朋友的福音，相信讀者們按表操課也可以收穫滿滿。

祝福大家。

天使部落負責人

作者序
PREFACE

一直認為，能把「興趣」當飯吃，是一件很幸福的事情！

大學時代廣告系的學習讓我一窺行銷企管的奧妙，在傳統企業上班一年後，選擇進修並轉換跑道成為正式國小教師，（實在是因為我比較愛管人而不愛被管吧？）～在「為人師」的日子裡，我以行銷企管的思維經營自己和工作，又進修取得「教育碩士」，近年來隨著大環境的改變、自身生命角色的多重，以及渴望自由與自我實現，我謹慎規劃並善用時間踏實的行動，最後辭去人人稱羨的教職，一步步的經營起屬於自己的事業，一個可以自己主導和掌握的事業。

非常感恩，所有愛過、學習過、努力經營過的人、事、物，都在近幾年匯集成一股強大的力量，加上許多貴人們相助，我成立了「安琪拉樂藝工作室」發展心靈藝術，有機會到許多不同合作單位演講，引導學員們享受自我覺察、藝術創作、自療的樂趣，看到他人的成長我也感到生命十分愉快而充實。

因為我的愛分享，希望能真心幫助我培養的老師們發展自己的藝術教學事業，所以我將這些年累積的個人行銷實務經驗開設了「招生行銷」相關課程，承蒙出版社抬愛，在多次溝通和編輯群的專業協助之下，出版了這本集理論與實務並重的「微型創業必修課」！希望透過這本書，可以幫助想要微型創業的朋友，用「興趣」開闢一條屬於自己的創業路，找到屬於你的精采一片天。

安琪拉 A.H.

◆ 現職
安琪拉樂藝工作室負責人
亞太文化學術交流基金會董事
台北市仁愛國中家長會副會長

◆ 學經歷
文化大學廣告系、銘傳大學教育研究所、台北市國小教師二十年、台北市國小教師會理事長

◆ 證照
亞洲禪繞認證教師第二期
日本和諧粉彩正指導師
國民小學教師證書
中國心理健康指導師（高級）

◆ 專長
人脈整合、廣告行銷、創意教學、舞蹈表演、微型創業輔導

目錄
CONTENTS

創業自評表

台語有一句話說「生意仔歹生」，意思是指做生意的這件事需要一點天賦，但也許你的骨子裡就是有個老闆魂蠢蠢欲動啊？或是你萬事俱備卻缺乏勇氣啊？看看現階段的你，有多麼適合當自己當老闆！

你認同的、符合你的敘述的請打勾。

A. 人格特質篇（一個勾 2 分，共 30 分）

☐ 1. 我喜歡有決策權

☐ 2. 我喜歡主導事情發展

☐ 3. 我對自己的判斷力很有信心

☐ 4. 我對生活周遭的事物充滿好奇心，樂於多看看、多學習、多了解

☐ 5. 我是自律的人

☐ 6. 我有一定的影響力

☐ 7. 我不怕失敗，挫折容忍度高、願意檢討改進

☐ 8. 我抗壓性高，能承受一定的風險

☐ 9. 我主動積極完成我想做的事情

☐ 10. 我所追求的生活目標與價值我自己決定

☐ 11. 我認同「有效能的做事」比「花很多時間努力」重要

☐ 12. 我一旦做出決定，很少後悔

☐ 13. 我不怕挑戰和變化

☐ 14. 我用多元角度看事情

☐ 15. 我的個性積極樂觀

B. 工作態度篇（一個勾 2 分，共 20 分）

- ☐ 1. 我覺得我應該為自己和團隊的成果負責
- ☐ 2. 我認為認真工作就該有合理報償
- ☐ 3. 我會觀察市場且注意時代趨勢
- ☐ 4. 我樂於投入自己理想的工作
- ☐ 5. 我通常有兩種以上的方案可以完成事情
- ☐ 6. 我願意善盡社會責任，回饋社會
- ☐ 7. 想到我的理想即將實現，我興奮的廢寢忘食
- ☐ 8. 我享受工作盡心盡力，做到我滿意為止
- ☐ 9. 我認為創業應該要有長期經營的打算而不只求短期獲利
- ☐ 10. 我認為有效能的工作比花長時間工作重要

C. 專業技能篇（一個勾 1 分，共 15 分）

- ☐ 1. 我有兩張以上、不同領域的專業證書或執照
- ☐ 2. 不只一次，曾有人主動找談生意或找我合作（或挖角）
- ☐ 3. 我覺得我的興趣和專業可以變現
- ☐ 4. 我的專長或專業曾參賽得獎
- ☐ 5. 我知道創業需要多種領域的專業
- ☐ 6. 我能投入大量的時間和精神創業
- ☐ 7. 我有初期資金創業（＿＿＿＿＿＿）元
- ☐ 8. 我有在相關產業的資歷（＿＿＿＿＿＿）年
- ☐ 9. 我在正式創業前已經有客源
- ☐ 10. 我參加過財務相關課程
- ☐ 11. 我有銷售成功的經驗
- ☐ 12. 自覺有生意頭腦，懂得做生意的技巧
- ☐ 13. 我有多種生財管道

☐ 14. 我願意投資時間、精神和金錢再學習

☐ 15. 我的專業不容易被取代

D. 人脈資源篇（一個勾 2 分，共 20 分）

☐ 1. 認識多少能決定事情而且會樂意幫你的人？（列名字：＿＿＿＿＿＿＿，
2 人以上得 2 分）

☐ 2. 有樂於一起創業、支援的夥伴？（列名字：＿＿＿＿＿＿＿＿＿，
2 人以上得 2 分）

☐ 3. 有參加社團組織（列：＿＿＿＿＿＿＿＿＿＿，2 個以上得 2 分）

☐ 4. 你願意和客戶應酬以維持交情

☐ 5. 潛在合作夥伴（親友、同事、上下游廠商）樂於和你合作

☐ 6. 萬一接到大案子或臨時的案子，能動員 5 個以上的人馬。

☐ 7. 認識很多不同行業的朋友，隨時可以請教。

☐ 8. 曾擔任主管或專案負責人或曾任重要職務

☐ 9. 容易認識新朋友

☐ 10. 樂於分享、幫助別人

E. 市場條件（一個勾 2 分，共 10 分）

☐ 1. 我的商品或服務能被重複購買使用

☐ 2. 我對想創業的市場有一定程度的了解

☐ 3. 我在該市場有競爭力（更好的資源和優勢）

☐ 4. 我清楚我的潛在消費族群

☐ 5. 我的創業項目不容易被取代或被複製

A：＿＿＿＿＿　　B：＿＿＿＿＿　　C：＿＿＿＿＿　　D：＿＿＿＿＿　　E：＿＿＿＿＿

總分：＿＿＿＿＿＿＿

滿分 95 分，因為人算有時不如天算，更何況世間沒有十全十美的人和事。

累計 85 分以上的朋友，你是不是早就把創業當成職涯規畫的一部分？你可能已經開始著手創業計畫吧？你可能也已著手進行那些少數沒勾到的項目了，再加把勁，別浪費你的天賦和才華，加油！恭喜你囉！（突然覺得這樣說很像不負責任，幸好我們這種人很清楚自己才是自己人生的責任者）。

60 ～ 85 分之間，你是有創業潛力的，針對沒勾到的好幾個項目，都要再培養和學習，建議要勇敢立定具體、可行的目標（針對沒勾到的那些啊！），堅持努力的行動，累積實力，就算創業時機還沒到，增加自己各方面的競爭力也是好事；如果已經投入創業，那就要更堅持你的創業理想，向前邁進。

未滿 60 分，可能你沒想過要創業或對創業還沒甚麼概念，把創業想得太美好而實際上創業要面臨很多真槍實彈的挑戰，總要先會走才會跑，如果有創業的想法，你需要多觀察、多學習，累積更多的實力才足以支持你在夢想之路較順利的前進。

CHAPTER

1

醞釀

觀念大建構，
創業前你要知道的事

BREWING:

Conceptual construction, what you need
to know before starting a business

醞釀
BREWING

萬事起頭難，想要自己當老闆，想要創業成功，要從搜集大量資料、累積相關資訊開始，當然也可趁機秤秤自己斤兩，看看自己到底知道多少，是否具備相關概念或能力，或是自我認知和事實有差距，都可趁機評估自己的實力和潛力。

創業和上班不同，上班是「受雇」，你靠著自身的專業知識和技能領取老闆給的薪水；而創業當老闆是「自雇」，你必須什麼都懂，從公司營運到商品研發和銷售、人事管理、物流、成本控管和金錢流向等，你都必須跨領域的學習，以具備各種能力的姿態面對各種挑戰，而不只是像許多成功人士分享的那般，只要堅持不放棄就能成功。

1-1 section 想創業，你必須先懂「公司」的組成

把個人創業當成一個「營運企業」看待，不論大企業或小公司都必須在有限的時間內，建立出一定程度或規模的商業模式，在這當中必須提供人們有價值的商品或服務，並藉此換取營運收入，當公司開始運轉，盈餘逐漸累積大過初期投入的成本時，公司才足以營運生存。

從下列圖表認識公司管理（即企業管理）的要素與商業模式的概念，在這當中可建構基本概念，再將自己的情況套入下列圖表中，在套用的過程中，也可以知道自己現階段的狀態，強項在哪？什麼部分該加強？再從這些面向中做調整。

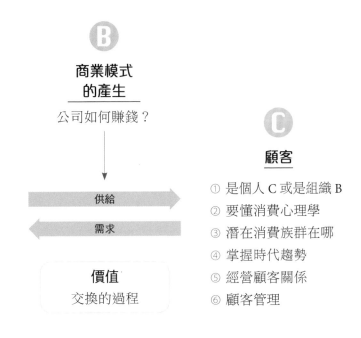

B

商業模式
的產生

公司如何賺錢？

供給 →

← 需求

價值
交換的過程

A

企業管理七面向

產：提供商品或服務
銷：透過各種行銷模式
人：人力資源與管理
發：研發
財：財務管理
資：資訊管理
法：法務法規

C

顧客

① 是個人 C 或是組織 B
② 要懂消費心理學
③ 潛在消費族群在哪
④ 掌握時代趨勢
⑤ 經營顧客關係
⑥ 顧客管理

CLOUM **A** 企業管理七面向與目標

　　一般傳統企業有這些基本面向，當然也就有讓它們運作的相關部門，但如果是一人企業就得一手包辦所有的面向與管理。

❶ 生產管理

　　一般是指如何設計與製造出優良且符合營運成本的有形商品或無形服務。如果選擇製造有形商品，包括商品的製造與來源、功能、包裝設計等都是自己要把關的環節；而如果商品是屬於無形服務，例如保險產業、交通運輸服務等，更強調服務流程和客戶滿意度。

❷ 銷售管理

　　指透過通路將商品交到消費者手中的過程，因此拓展業務、開發市場、增加曝光率，以爭取更多消費者或利潤，都是銷售管理要達成的目標。所以一人企業需要獨立去開發合作廠商，同時讓消費者能看見並購買商品或服務。

❸ 人事管理

　　企業需要員工才能運作，從招募、培養、訓練各部門人才到激勵人才等，都是很重要的課題，一般企業會成立專責人事管理或人力資源的組織部門，但以一人企業來說，一開始通常會是校長兼撞鐘，等到個人企業穩定後，才會建議拓展組織架構。

❹ 研　　發

　　研究發展新商品或新制度等，維持企業在市場上的競爭力，而一人企業的商品或服務更需要擁有自己的特色，才能和市場上原有的商品有區隔，以產生差異和提高辨識度。

❺ 財務管理

　　指管理企業的支出及收入，包含人事與營運成本等資金運作，如果當季有盈餘，則要分配股東或懂得轉投資等。而一人企業則須控管好所有的成本，因為都會影響營業額和淨利。

❻ 資訊管理

　　今日資訊科技發展快速，可運用資訊軟體支援組織內部作業，或是與外部連結通路與顧客，都可提昇組織效率和競爭優勢。

❼ 法務管理

　　包括勞基法、稅務、消保法等相關法律領域都要知道，以符合國家規定，以免因不熟悉法律而無意間觸法。

商業模式的產生

當買方需求產生，賣方能提供相關商品或服務時，在買賣之間產生商業行為，就是種價值交換。

人們花錢買商品或服務時，企業一定會有獲利嗎？只要持續有客戶產生「需求」，企業能「供給」，在穩定的供需平衡下，商業模式就會慢慢建立起來，讓企業獲得財物支持並永續經營。

商業模式是一個整體的、系統化、彼此互相牽引的概念。我將於 P.50 逐項說明並一起探討。

顧客

顧客涵蓋目標客戶，也就是我們常說的消費者，為企業提供服務與販售商品的對象。時至今日，消費者意識抬頭，網路科技發達及購物管道多樣化，商品 CP 值要高已經是基本門檻，所以掌握消費者心理和行為，進一步引起消費者注意、使消費者願意買單和回購，也是門須深入分別說明的學問，我將於 P.31 和 P.35 討論。

重點整理

簡介企業供給商品或服務，以滿足顧客需求，企業必須藉此建立起商業模式，才能永續經營。而公司管理有七大主題：產、銷、人、發、財、資、法，這些都是想微型創業的人需要知道的基本概念。

行銷觀念大補帖

　　再好的商品或服務，如果沒有搭配適當的行銷策略，就有可能不被消費者知道甚至販售，而無法達成經濟效益，最終消失在市場上。微型創業，更需要懂得如何行銷，藉由行銷將個人的理念、商品和服務賣出去，且賣到漂亮的價錢！而在這個前提下，你必須要具備行銷的概念。

　　但通常沒有行銷背景或經驗的朋友，可能會陷入「只要商品好就賣得出去」、「我夠專業，就會有市場」等迷思，然而實際情況往往是：為什麼乏人問津、為什麼這個也要花錢，那個也要花錢，卻不知道效益在哪、為什麼消費者那麼難懂？這類型的人通常在創業之路跌跌撞撞、付了一堆學費之後，創業預算日益燒盡、當初追求夢想的熱情也磨損了，才猛然發現自己對行銷或銷售真是超級門外漢。

　　其實人人都可以因為了解與善用行銷而從中獲益，畢竟我們都會希望客戶向我們買單，而通常真正的高手往往銷售於無形，他們怎麼辦到的？我們也可以趁機了解行銷這門藝術。

　　傳統的行銷定義為，將有形的商品或無形的服務透過大盤、中盤、小盤和店面交到消費者的手中，中間透過廣告和促銷等活動幫助商品銷售，整個過程稱為行銷。傳統的大中小盤商和店鋪稱為通路，但現在已產生很大的改變，現在有網購、團購、代購、直銷等通路，這類型的通路縮短了商品到消費者手中的時間，並拉近製造商和他們的距離。

傳統通路模式

Product	曝光	通路販售	購買
有形商品或 無形服務	透過廣告、 公關活動	大盤、中盤、 小盤、店鋪	消費者

　　行銷是一門專門的學問，理論與實務並重，時至今日，你必須知道的行銷相關要素 4P、4C、4S、4R、4V、4I，這些都有助於你在未來建立完整、獲利，且發展出適合你產業的商業模式。

行銷 4P

早期企業多以自身營運發展為主要考量，著重其商品在市場上的銷售層面，創造的獲利。

❶ 商品 Product

指構成商品的條件，包含包裝、品牌形象、商品本身及售後服務等，所以通常要先釐清商品特性和在市場上的定位。

❷ 價格 Price

商品定價決定企業利潤和營運狀況，所以也要決定折扣後價格、交付款時間合理性等。

❸ 地點 Place

商品販售的地方和使用的通路，指商品送到消費者手中的方法，包含大、中、小盤到實體店鋪等，還包括決定倉儲地點，因在企業體開始穩定時，出貨量變大，就需要固定的地點儲存商品，以控管庫存。

❹ 促銷活動 Promotion

企業運用各種方式讓商品或服務曝光，包括廣告、人員推銷、促銷，或舉辦行銷活動等方式，吸引目標客戶，進而採取購買行動。

行銷 4C

以消費者為主體的行銷理論，重視客戶利益、需求，以顧客為尊。

❶ 消費者 Customer

　　近年來消費者意識抬頭，企業自身會持續要求商品品質之外，也更重視客戶需求和感受，強調做出更符合客戶需求的商品。

❷ 成本 Cost

　　除了生產成本外，加入「客戶願意購買的成本」，所以價格會制定在消費者願意購買的金額，但企業也會有盈利的範圍。

❸ 便利性 Convenience

　　提供客戶購買和使用的便利性，所以售前會提供商品的完整資訊外，在售後則重視客戶的使用反應，強調購買到商品、也購買到服務，以帶給客戶方便為主。

❹ 溝通 Communication

　　強調與客戶的雙向溝通，以增進彼此間相互的理解，進而培養高忠誠度的顧客。

　　強調從消費者需求出發，走超 Sweet、貼心行銷路線，打破傳統企業強調市場佔有率的傳統推銷模式，出現以「消費者佔有」為概念的行銷方式，讓企業根據消費者的意見，調整品牌、服務或商品到最優化，讓消費者滿意，並提高他們對品牌的忠誠度，進而強化企業的競爭力。例如：走療癒路線、小眾市場的商業模式經營者，就很適合以「溫馨人情」為導向的用戶管理策略，用體貼入微的服務來感動用戶。從「售前服務」到「服務現場」及「售後服務」都面面俱到，體貼入微，不斷得分。

❶ 滿意度 Satisfaction

　　以客戶需求和滿意度為主，強調站在客戶角度思考和解決問題，再以貼心服務站穩市場。

❷ 服務至上 Service

　　隨時以笑容迎接、對待客戶，包含：提供專業、舒適、友善的服務，將每位客戶視為 VIP，邀請他們再度光臨。

❸ 速度 Speed

　　能快速的接待以及回應，即時處理客戶的需求。

❹ 誠意 Sincerity

　　用真心的微笑和真誠的服務，贏得客戶的信任和感動，並與客戶建立真正的情誼。

行銷理論更強調強化客戶關係以提高競爭力。

隨著市場快速的變化發展,企業需要更深入又有效的和客戶建立起積極主動、互利雙贏的關係(記得我們在商業模式裡提到的顧客關係嗎?),不僅積極滿足顧客的需求,而且主動創造需求,建立彼此獨特的關係,行銷 4R 長期擁有客戶、維持長期獲利模式,形成了獨特競爭優勢。

❶ 關聯 Relevance

為加強客戶間的連結,企業透過業務開發、客戶需求等各方式建立連結,建立互相幫助、各取所需的關係,加強客戶和企業的關係,除了能減少客戶的流失外,也能增加客戶的忠誠度,如:每個客戶都是 VIP、名車都有高爾夫球俱樂部、會員制等。

❷ 反應 Reaction

企業須提高對市場的反應速度,所以要提供方便的反應管道,適時傾聽消費者心聲,並做出反應以滿足客戶需求。

❸ 關係 Relationship

重視與客戶的互動,將雙方轉變成像朋友一樣有穩固且長遠的關係,講求互利、誠信與責任。

❹ 回報 Reward

企業進行行銷,都期待有成果,所以商品除了要滿足客戶需求,也要讓企業得到市場回報的收入,才能持續經營,成為正向循環。

隨著高科技產業發展快速，高技術商品與服務不斷推陳出新，包含網際網路、行動支付、移動通信、便利交通等，讓世界變成資訊化社會，過往企業和消費者間資訊不對稱狀態幾乎不存在。現今因溝通管道多元且即時，所以不論大小公司都開始在全球範圍進行多方資源整合，讓買賣零時差、商業無國界。

❶ 差異化行銷 Variation

企業要樹立自己的獨特形象，可以在功能、品質、服務等方面與其他競爭者有明顯不同，讓消費者馬上看到該品牌。

❷ 功能化 Versatility

強調商品和服務，並能針對各式族群提供不同功能系列的服務，能彈性調整商品或服務的功能。

❸ 附加價值 Value

滿足消費者個人化、客製化的需求，要求商品或服務有更大的彈性或延伸，除了基本價值之外，能夠針對消費者的需求進行額外價值的重新組合。

❹ 共鳴 Vibration

重視商品或服務，能以品牌風格或企業文化等滿足消費者的情感需求，產生共鳴。

在資訊爆炸時代，消費者才是現今市場的新主人！如今消費市場就像是一個有機體，是生態系統交互影響的狀態，面對這樣的市場現象，我們必須掌握以下原則，才能不被市場淘汰。

❶ 趣味原則 Interesting

人們活著不是追求快樂就是逃避痛苦，而八卦、娛樂向來是人們關注的焦點，所以在網路行銷上，必須擁有娛樂化、趣味的條件，才能引起粉絲關注、累積聲量。

❷ 利益原則 Interests

在網路資訊氾濫和要求服務至上的時代，網路行銷要提供給消費者的「利益」除了商品外，可能還包括：資訊、功能、服務、心理滿足、紅利點數等。

❸ 互動原則 Interaction

網路的進步，讓我們能以低成本和高便捷性來進行互動行銷，也就是讓消費者參與其中，而品牌就像是半成品，需要由消費者體驗、參與後，創造出不同的效應，以達到最高的行銷成果。

❹ 個性原則 Individuality

專屬、客製、限量等語言，容易擄獲消費者的心。因會讓消費者產生被關注的心理滿足感，也更能投他們所好，進而產生互動或購買行為。

數位時代行銷 4.0

近年來行銷進化到行銷 4.0，強調真實市場（線下）與網路世界（線上）的虛實整合，也因科技進步和網路社群的興起，各產業間類似生態系統、客戶的體驗式參與等，都創造了全新的行銷環境。

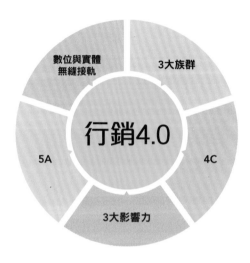

重點一 │ 關鍵三大族群

年輕族群

為數位時代的原生族群，成長過程中自然使用 3C 商品，數位商品持有率最高、使用頻繁、操作流暢、同儕間傳播快速，他們樂於交流分享、嘗試新事物、創造潮流及改變傳統規則。一旦他們經濟獨立，能力提升，將會成為帶動商品銷售的主力。

女性族群

女性享受購物的樂趣（看看市場上、女裝和男裝的店面比例就知道了）在購買行為上的主動性高、在家庭生活用品採購上往往是決策者，她們的購物習慣傾向多方比較後才做決定，且樂於分享自己的使用經驗，所以當攻占女性市場，就能得到一定的市佔率。

廣大網友

網路無國界、零時差，沒有地域及言論限制，加上無利害關係的陌生人評論可能比其他行銷管道更有說服力，也有帶動群體意見風向的能力，因此被大眾視為有效且可信的情報，擁有直接散播影響力，且能有效的提升品牌知名度。

重點二 | 行銷 4C：加強與消費者的連結

❶ 共同創造（co-creation）商品

在商品發展階段，透過各平台收集客戶意見，就好像讓客戶參與新商品製作，以提高商品的成功率，讓新商品能有效的攻入市場。

❷ 浮動定價（currency）

商品根據市場需求和產量調整定價，以機票和飯店為例，依照淡旺季調整價格等。

❸ 共同啟動（communal activation）的通路

商品或服務不限於實體店家，大家都能提供商品或服務，如：Airbnb、Uber、淘寶商家、微商等，企業變成平台提供想經營微型事業者另一種銷售方式。

❹ 對話（conversation）式的促銷

重視與消費者的溝通，並加強運用社群，以和消費者連結。現代人購買商品時都會上網搜尋評價、在社群中討論等，而網紅或廣大網友的意見也變成人們抉擇時的參考資料，這也是社群帶來的影響。

三大影響力

　　行銷 4.0 時代，社群的互動，品牌的對話對消費者形成的「他人影響力」，
要比傳統行銷訊息的「外部影響力」或消費者本身的「自我影響力」力量更大。

- ❶ 他人影響力：受到網友、親友等他人的評論影響。
- ❷ 外在影響力：透過行銷，將商品或服務曝光在各平台上。
- ❸ 自我影響力：自己實際體驗商品或服務後產生的結果。

重點四 **數位線上和實際體驗無縫接軌**

　　行銷 4.0 強調虛實整合，也就是線上和線下自然融合，沒有差別。強調要
能將線上網路的互動導入線下實際的體驗，實際活動又回到線上展示、宣傳或
作為下一波的醞釀和導購，線上線下一起整合，同時發揮網路的即時互動與實
際交流的真實感，網路之外的真實互動能讓企業有機會做出更有感的差異，也
因此有許多品牌相繼設立的「體驗中心」提供客戶真實體驗情境。

重點五 **5A 消費階段**

① 認知 AWARE	② 訴求 APPEAL	③ 詢問 ASK	④ 行動 ACT	⑤ 倡導 ADVOCATE
消費者搜集與商品有關的資訊。	了解商品後，消費者是否對這商品產生需求。	當對商品產生需求後，是否會主動詢問。	經過詢問後，是否願意購買。	消費者購買後，是否願意主動宣傳商品。

重點整理

　　了解行銷相關要素從傳統的 4P、到以消費者和服務為導向的 4C、4S、4R，
以及網路行銷重視的 4V、4I，以及最新數位時代的行銷 4.0，了解這些行銷通路
的發展，有助於建立適合自己情況、完整思考再架構並且獲利的商業模式。

觀察市場趨勢：微薪與網路時代的小眾經濟

　　我們所處的環境變化如此快速，但我們的事業追求的是永續經營，所以我們要遠觀的是市場趨勢，不是跟風短暫的流行（指一段時間、某區域或年齡層的風靡一時），然而「趨勢」是世界和社會運作朝著某個方向前進，在變化莫測的市場上往往創造許多意想不到的需求，創業者要透過敏銳的觀察力嗅出消費者需求和市場走向，找到人們需要的商品或服務，再順勢導入大環境中換取收入。

　　而近年來資訊科技發展迅速、全球不景氣與薪資倒退的情形，催生出許多新興產業，也讓追求斜槓人生的我們，在其中找到許多機會創造自己的多重收入。而斜槓第一步，要先了解大環境的趨勢，並結合個人興趣專長，再加上建立良好商業模式，就能讓斜槓人生趁勢而為，將時間與精神更有效率的轉換或運用，借力使力進而事半功倍。

001 CLOUM　時間有限，追求的是快速、方便或有人代為服務

　　現代人講求快速方便，從到處可見的便利商店林立、快遞和宅急便送貨到府之外，近一兩年還出現代排隊、代買代購的服務；順勢而起的 Uber Eats、FoodPanda 等美食外送平台，運用資訊與網路的便利性提供了商業買賣行為，客戶只要用手機就可以坐等美食送上門。

002 CLOUM　資金有限，網路商店、快閃店、快餐車、市集商機蓬勃

　　對企業而言大中小盤的通路費用和營運成本（包含薪資、租金、設備等）通常是很高的成本，也讓網路商店已應運而生。除此之外，大小企業改以快閃店方式出現在消費者面前，除了省下大筆租金之外，還可以引發話題性，在短時間內吸引目標客戶，創造高業績。還有辦公大樓附近在午餐時間才出現的快餐車，以及各地鄉鎮推廣在地產業，或隨著觀光業發展、節慶應運而生的各類市集，琳瑯滿目，充滿商機。

▲辦公大樓附近快閃餐車　　　　　▲品牌結合舉辦快閃活動

003 CLOUM　善用資源：共享經濟和專業外包

　　共享經濟以善用資源、共用而不佔有的概念，將閒置的高單價商品（例如：車子、房子），提供大眾便利服務且相對平價的產業，例如：Airbnb（出租房屋）和 Uber（載客車輛的租賃）。在這其中創造了三贏，平台賺取合理費用外，資產閒置者可以因租賃資產而多一份收入，而消費者有更方便、平價的選擇。

　　專業外包的概念是由不同專業領域的團隊，用合作的方式提供商品或服務客戶，例如：近年來的婚禮顧問公司，從求婚活動開始策畫、協助新人拍婚紗、安排婚宴、攝影、婚宴表演相關事宜等。然而完成上述這整套任務可能需要不同的「協力廠商」（而不似傳統企業運用資金成立各個部門並聘請專業員工），用類似模組化的方式提供給客戶更客製化且多元的選擇。所以協力的廠商可能就有：花店、婚禮布置、婚禮小物公司、婚宴主持人、攝影團隊等。

　　另一類的專業外包則是因應現代人的多樣需求而產生，只要在人們有需求，而有人能夠提供專業的服務，即使可能是小眾市場，也可以有一片天。例如：企業教練幫公司做員工訓練；收納管理師教人整理家務；專業團購累積客戶群，就有機會以量制價幫會員談到好價錢；定期出國出差的人，若知道門路可以海外代購。

平台經濟模式取代傳統通路

拜網路科技所賜，數位平台整合多方資源，可以降低時間、空間與距離的限制，快速將需求明確的消費者與供給商品和服務的廠商串連在一起，雙方透過平台媒合與交易，廠商省下實體通路的倉儲或管銷成本，客戶可以省下找尋、比價、奔波的時間和精神，快速取得所需，而平台供應商向雙方賺取合理的上架費、服務費等，或是販售廣告，以賺取其他收入；甚至以不收費的方式拓展各式廠商。

平台連結大解析

Google：連結人與資訊
Facebook、Line、微信：連結人與人
Apple iOS：連結人與應用程式
eBay、Pchome、淘寶：連結商家與消費者

社群媒體興起的自媒體時代

智慧型手機的普及加上雲端經濟，帶動整個商業領域的便利和自動化，人們只要透過手機就能處理日常生活瑣事、進行商業行為；一般人不需要準備大額資金就有機會透過各式平台進行創業，再掌握特定的粉絲族群就可以擁有自己的小眾市場！

例如透過經營部落格成為部落客、拍攝吸引人的影片當 Youtuber，開發各式各樣的 APP、成為網紅代言商品、繪製貼圖販售等，只要透過社群力量建立起自己的媒體、擁有自己的粉絲和創造可觀聲浪，就可以成為自媒體。

 社群媒體

 傳統媒體

社群媒體	主要媒體型態	傳統媒體
Facebook、Youtube、Instagram	主要媒體型態	電視報紙、雜誌廣播
可在地化、可全球化、去中心化	傳播方式	可在地化、可全球化、集權組織
成本低、甚至免費	進入門檻	門檻極高、財團或政府掌握
不高、有一定程度即可	專業要求	高、需要各種專業人才
規模較低、即時性高	即時性	依照製作規模、所需時間不同
發布內容可以隨時編輯更新	變動性	發布內容較難立即修改
主動參與、自行掌握資訊	閱聽群眾	被動收看收聽、受到資訊影響
多元多變	訊息	單一

006 CLOUM 療癒系產業

在現今的時代，人們願意花更多錢尋求自己在意或更喜歡的東西，甚至追求心靈被滿足的感覺，但在心態上則希望快速方便，禁不起等待、期待有客製化服務和與眾不同等，而在創業者的眼中，每一個不同的族群市場都是充滿無限潛力的區塊。

現代人因科技發達造成的人際疏離、空虛感、工作、經濟等不同因素使自己壓力大，在此同時，心理也需要一個紓壓的出口，所以只要能賣感覺，療癒系、身心靈領域也是一個很可觀的市場。這也讓大專院校設立自然療法研究所，身心靈研究相關的碩士論文也開始發表，療癒系書籍越來越多，那些強調小確幸的廣告、萌寵萌貼圖、多肉植物、各式各樣的心靈導師、療癒課程等在市場上比比皆是。

健康養生產業

　　人潮就是錢潮，目前全世界人口結構中占最大的比例是戰後嬰兒潮，從他們出生到兒童成長期，這一大群人帶動了麥當勞等速食企業；當他們成為青少年，休閒服、牛仔服飾品牌應運而生；當他們有成家立業需求，也促使房地產業蓬勃。但現今這個族群多數已步入老年生活，因醫療進步，使許多國家進入高齡化社會，所以從他們的健康飲食、運動養生、樂齡休閒、照護醫療等都能衍伸出許多產業和商機。

綠色經濟、環保愛地球

　　人類開始意識到地球資源不能無限制消耗使用，加上氣候變遷、全球暖化等全人類須共同面對的環境問題，於是從減碳、減塑、綠色能源、環保建材等，也是這幾年新興的商機。於是結合文創的環保袋、運用環保素材的藝術手作等商品逐漸出現。

重點整理

　　了解大環境的趨勢並結合個人興趣專長，加上良好商業模式建立，有助於讓微型創業更有效率的順利運轉。

想賣出，要理解「消費者心理」

　　一般公司在設計商品和訂定行銷策略時，會去揣摩潛在客戶族群的心理，並試圖符合他們的需求，較常被應用，也較易理解的是馬斯洛的心理需求理論。

001 CLOUM 馬斯洛的心理需求理論

❶ 生理需求

　　維持人生存的最基本需求，包含食、衣、住、行等，而當無法滿足需求時，人的生存就會產生問題，所以，生理需求是讓人行動的最強動力。一般認為，只要生理需求得到滿足（可維持生存的程度），才可能往上一個層次追求，而當這些需求被滿足，就不會是刺激人類採取行動的因素了。

❷ 安全需求

　　指人希望能保障生命安全、生活安定、不會遭遇痛苦、避免失去財產等安全感方面的需求，所以人的感受器官、智力、能力等都可能是尋求安全感的工具，甚至可以把科學、人生觀、價值觀等都視為滿足自我安全感的一環。

❸ 愛與隸屬需求

　　這一層次的需求包含友愛和歸屬兩個方面。友愛的需求是指期待夥伴、同事間的關係融洽、保持友誼，也期待自己能被愛、愛別人、接受別人的愛；歸屬的需求是指期待被他人（群體）接受並成為其中一員，能相互照顧、給予關懷，這個需求會和個體生長背景、教育等都有關係，也會帶來影響。

❹ 尊重的需求

　　期待擁有穩定的社會地位，而能力得到成就感和社會的肯定，而尊重的需求又可分為內部和外部的尊重。內部尊重是指建立自尊，指一個人希望在各種不同情境中有實力、能獨立完成；外部尊重是期待有社經

地位、受他人尊重和信賴等。若得到滿足，能讓人擁有自信、對社會充滿熱情，並找到自己活著的價值和意義。

❺ 自我實現的需要

為最高層的需求，包含自我實現、發揮個人潛能等。也就是「活出心中理想的自己」，這樣才會讓自己感到最大的快樂。

一般來說，這五個心理需求層次是按層次往上遞升，當某一層次的需求得到滿足，就會往高一層次發展，所以追求更高層次的需求就是產生行動的動力。但要注意的是這些層次並不是完全固定，會變化，當然也會有例外。

在每一時期，一個人可能擁有不止一種需求，但會有一種需求支配當下行為，且任何一種需求都不會因有新層次出現消失，而會相互疊加，只是對行為影響的程度會減少。

002 運用在社群經營
CLOUM

運用在市場與客戶經營時，我們會找出潛在客戶的需求並加以滿足。通常大家的食、衣、住、行中的相關用品都是滿足生理需求，當然其中會依據不同目標對象而提供不同條件、價位的物品，例如車子、房子等，除了實用考量外，也牽涉到舒適與安全性能，這就是安全感的考量；以穿衣服為例，青少年和同儕喜歡買同款式、尋求和同儕同樣的風格是屬於「愛與歸屬感」的社交需求，有一些名牌、名車廣告會用成功專業人士形象打廣告，這是因為使用該商品可以呈現出社會地位的象徵。至於身心靈產業，往往追求的是自我超越與自我實現的滿足。

至於右圖右側，可以作為網站、粉絲專頁經營，或部落格版主的參考，以滿足廣大網友們的需求，並從中找到適合長期發展的族群。

Facebook 社群經營建議

需求層級	社群經營建議
自我 實現需求	版主號召臉友舉辦活動或共同創造議題。
尊重需求	成立社團、粉絲團,有一定的追隨者(社會地位)。
愛與歸屬需求	臉友開始成為朋友、有共同語言。
安全需求	貼文提供專業知識和建議,例如:食安問題探討、減肥資訊等。
生理需求	貼文提供食、衣、住、行等基本資訊,例如:美食、美景分享。

需求層級	說明
自我實現 需求	為最高層的需求,包含自我實現、發揮個人潛能等,也就是「活出心中理想的自己」。
尊重需求	期待擁有穩定的社會地位,而能力得到成就感和社會的肯定。
愛與 歸屬感	包含友愛的需求(期待夥伴、同事間的關係融洽、保持友誼)和歸屬的需求(期待被他人接受並成為其中一員,能相互照顧、給予關懷)。
安全需求	指人希望能保障生命安全、生活安定、不會遭遇痛苦、避免失去財產等安全感方面的需求。
生理需求	維持人生存的最基本需求,包含食、衣、住、行等。

我經營的直銷事業是以美容商品和健康食品為主要品項的無店鋪連鎖店，表面看來是滿足基本生理需求，實際上是建立自己的通路事業。客戶買到好東西滿足了基本需求和安全需求之外，良好的服務和我們之間的友情其實已到愛與歸屬感的層次；而透過直銷事業成為創業者，和夥伴一起成長，擁有選擇權、時間與財富自主，這是屬於個人成長和自我實現的部分，加上我們有 Facebook 的私密社團，可藉由張貼訊息來討論交流。

而我設定的心靈藝術潛在顧客群分成兩大類。一類就是單純透過學習繪畫藝術，感覺到快樂和滿足，對自己的創作有愉快的成就感，老師同學們互相給予鼓勵，事實上這滿足了學員的愛與歸屬感、被人們肯定的需求；也會鼓勵大家在粉絲專頁或社團上分享作品，大家互相交流。另一類族群則是想要追求個人成長、培養第二專長或開創自己事業的人，這類朋友的心理需求則是再往上一層，希望有更大的成長和自主性；通常我會提供更多資訊，如：邀請參加師資等級的培訓課程。

你的商品或服務，可以滿足客戶什麼需求呢？

你的作業 HOMEWORK

重點整理

每一個人都有不同層面的心理需求，所以了解客戶的渴望有助於我們提供商品和服務給客戶時，能用更貼近客戶的用語，打動客戶的心；在進行行銷策略時更能精準的鎖定目標客戶。

想成交，要懂「顧客購賣行為」

　　客戶從發現市場上有這個商品到最後採取購買行動，整個決策過程的變數包括，受到環境因素和自身需求影響，產生購買意願時可能會因急迫性及客戶進行貨比三家後產生改變，比較選擇的基準可能會因個人習慣、價格、企業形象、方便性、使用者評價等不同面向進行評估。

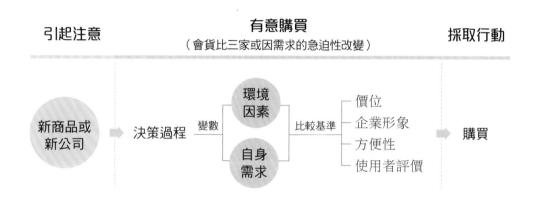

　　一家新公司或推出新商品時，如何在廣大的消費市場引起注意？傳統大型企業會花費高額廣告預算、舉辦大型活動、邀請明星代言等，就是要在茫茫的消費大海中發亮（亮點），突出商品特性（賣點）。

　　而微型創業的我們要如何運用有限的資源，做出最有效的曝光？在我們完成籌備工作後，要做的事情就是「掛招牌」、「發傳單」、告訴身邊親朋好友我要「試營運」了。而你的亮點如何讓潛在客戶注意到？你的賣點如何讓人想買單？首先，你要讓大家知道，你在賣這類商品、經營這類市場和服務，當他有興趣或哪天有需要時，就可以找你洽詢，所以你需要廣發訊息給身邊的人際圈，不管是透過你的網站或粉絲專頁、名片、商品型錄、服務項目等就是要讓更多人知道。至於潛在客戶會不會注意到你，則牽涉到很多層面，不一定是現階段的你能掌控的（所以我們盡力做好我們能掌控的部分），譬如他自身是否有需求（俗稱 Timing），或他的經濟狀況、時間安排是否允許等，而我們能掌握的兩件事則是：❶ 留下好印象；❷ 哪一天他需要時，你還在經營。

找出你的亮點和賣點。

亮點：

1. 代言人：就是自己——自信的微笑、待人親切有禮、對商品和服務掌握清楚，充滿信心。

2. 引起注意的工具清單

　　□名片　　□網站　　□粉絲專頁　　□商品樣品　　□商品型錄
　　□簡歷　　□贈品　　□試用品　　　□客戶案例　　□1分鐘口頭簡介

賣點：

你的商品和服務的賣點是？

_____

_____

當引起注意後，通常可以從對方的反應知道，他有沒有興趣繼續了解。一般而言，當人們有興趣時，自然會問問題，所以不要害怕客戶問問題，因為這會是一個了解他的好機會，有可能順勢找到他的痛處或癢處。所以只要釐清他在意的是什麼，就有機會滿足他的需求。

❶ 消費習慣

　　有人習慣上網買、刷卡，有人習慣看到或摸到實品、付現，有人願意預約預付，有人喜歡隨興、用了再付錢，有人喜歡一次性買多買足，有人喜歡要用再買就好，有人喜歡自己買，有人會邀集親朋好友一起買⋯⋯每個人都有各自的消費習慣，我們能做的事情就是掌握好自己的商品品質，針對自己的潛在客戶，去了解他們的消費習慣。

我的粉絲專頁會持續 PO 文，讓有興趣的陌生朋友可以感受到這裡是一間踏實耕耘的工作室。我運用報名三天內繳費的課前繳費機制，篩選較單純善良的族群成為我的客戶，也找到能接受的族群，例如：

- 不以低價吸引客戶，吸引來的就是看懂課程價值的人。
- 有原則、有彈性，並樂於配合客戶需求，但不是讓「消費者至上」的理念無限上綱。
- 不勉強客人，尊重對方的選擇，客戶可以自己決定要或不要。
- 要求陌生客戶先轉帳繳學費才算報名成功，如果客人防衛心很強或是很難搞的奧客，通常不會成為客戶。

NG作法

有同業用超低價或甚至免費來吸引潛在客戶參加體驗課程，結果潛在客戶體驗完後，感覺很滿意也很喜歡，但聽到後面的課程要繳學費，就沒有打算報名參加。

你希望你的客戶消費習慣是：＿＿＿＿＿＿＿＿＿＿＿＿＿＿

你可以怎麼做：＿＿＿＿＿＿＿＿＿＿＿＿＿＿

你的作業 HOMEWORK

❷ 品牌形象

消費者心中有他們對品牌形象的認知和要求。一般而言，消費者也要對該品牌有一定的信任和喜愛才會心甘情願掏錢出來。但怎樣的品牌形象是人們喜歡的，也能吸引他們買單的呢？

用自己是消費者的角度寫下你喜歡的品牌形象。

看起來：_____

用起來：_____

業務人員：_____

服務態度：_____

如果上述是你自己喜歡的品牌形象，請盡力做到，你有機會可以
吸引同類型的客戶。

❸ 價格

　　清楚自己的商品，同時相信提供的商品或服務是當初承諾客戶的價值，這樣才能對自己訂出來的價格有信心。有些客戶喜歡比價、也有客戶重視的是品質、有些客戶追求高 CP 值、有些客戶會整體考量、有時候客戶就是真心喜歡你和你的服務，所以相信你的價值和價格契合。

　　而高單價的商品通常會投入更多的考量和時間研究，例如買房子。通常會先填需求表，內容包括想要的房型、地區、預算等，這樣有助於業務人員找尋適合客人心目中理想的物件。

❹ 方便性

　　當消費者有意購買時，取貨的便利性、多元付款方式（現金、匯款、轉帳、刷卡、ezPay 簡單付、街口支付等）、交通便利與否或與他人時間能配合等，都是消費者考量的因素。所以四處林立的便利商店讓網購賣家和買家在收付款與取貨都更加方便。

我提供地點的方便性，因授課工作室交通方便，且離捷運站近；加上如果對方有需求也樂於到對方方便、適合的咖啡廳授課。

❺ 使用者評價

人有傳播分享的本能，一般人也喜歡購買有人推薦的商品或服務，甚至會有人在 Facebook 上問問題、在 Google 上搜尋，此時網民就會提供個人經驗，所以建立良好的使用者評價有助於建立口碑行銷，對於微型創業者而言是最經濟實惠的行銷方式，所以每一個案子從接洽開始，都是我們建立口碑行銷的時機，即使這次沒有談成什麼明確結果，但是買賣不成仁義在，也許未來都還有機會。

跟企業合作且舉辦人數較多的體驗課程之後，會和互動不錯或表示想多了解的新朋友彼此交換 Line，我在逢年過節互相問候、傳貼圖、分享笑話，保持聯絡，還真的有些朋友三個月半年後問上課的事情。或是我在每次課程之後都會「開口」邀請學員到粉絲專頁上留言評價，也鼓勵學員分享貼文、介紹新學員。

❻ 時間性

除了商品效期外，包括客戶自身情況與外部刺激因素，例如促銷或是限量等。在繁忙的現代生活中，加入「時間」這個奇妙因子，有些客戶本來沒急用還是先買了；有些人想再看看，後來還是買了。有些商品有季節性、有地域性（日本常用這個策略）、有些品牌會辦限量活動（例如名牌球鞋）、百貨公司週年慶的優惠與促銷、直播限時限量搶購或摸彩等。

重點整理

了解顧客購買行為，並將力氣放在自己可以掌握和努力的部份，當你踏實的萬事俱備，東風來時就有更多機會乘風而起！

你在跟誰說話？哪個世代很重要

了解你的目標族群有助於你和消費者溝通，不管是面對面、或是透過自媒體、社群行銷或傳統廣告媒體瞭解他們。而全球人口目前有五個世代，即傳統世代、嬰兒潮世代、X 世代、千禧世代和 Z 世代，他們對於事物的看法、思維習慣或價值觀都有所差異，所以了解並尊重他們，更能同理他們的感受、發掘他們所需的商品，用他們的語言打動他們的心。

以下是個人認為各世代關注的主題和對事物的態度，可以作為參考（但一定難免有例外，請用心的與人們互動，以了解對方），我相信只要學會傾聽和尊重，和各個世代的人交朋友，絕對有助於你的事業發展。

	傳統世代（西元 1945 年前）	戰後嬰兒潮（西元 1946 ～ 1964 年）
經歷大環境的事件	第二次世界大戰、工業開始繁榮	商業繁榮、女權運動、台灣奇蹟
重視環節	家庭、禮節、榮耀	工作和生活經驗
現在生涯狀態	面對衰老和疾病	退休生活安排、學習新科技
建議應對方式	感謝與尊敬、向他們請教智慧	感謝與尊敬、向他們請教智慧

	X 世代 （西元 1965 ～ 1980 年）	千禧世代（Y 世代） （西元 1980 ～ 1990 年代）
經歷大環境的事件	全球化、雙薪家庭、數位科技整合	社群成長、數位科技、行動裝置、自媒體
重視環節	工作生活壓力平衡、環保議題	自我、理想主義、關心社會議題
現在生涯狀態	跨工業與數位時代、整合	就業或創業、低薪資、斜槓、用力工作且用力玩
建議應對方式	同儕我輩的革命情感、相知相惜	想像自己年輕的心態和思維並與他們相處

Z 世代（1990 年之後）	
經歷大環境的事件	仰賴網路、數位科技
重視環節	重視社群關係、任務導向
現在生涯狀態	跨足現實與虛擬世界
建議應對方式	多了解、和他們互動

你自己是哪一個世代？

你身邊最多哪一個世代？

你的潛在客戶可能是哪一個世代？

重點整理

　　不同世代的人有不同環境和過往的經驗，影響和造就了他們的認知模式，透過互動和了解有助於和他們深入對話，提供他們真正需要的東西進而讓自己的商品或服務更有價值。

數位行銷時代，變化莫測的消費者

因應時代的大幅變化，傳統消費行為理論需要加入網路行銷的概念才能符合市場的現況。

現在的消費行為從「我知道」到「我被訴求打動而有興趣」的階段，和過往最不同的是，人們會上網搜尋、比價、看網友評價、甚至詢問一堆不認識的網友，最後才採取購買行動，購買後會上網貼文分享、樂於表態給予評價。因此在網路時代，大小企業都擁有更容易曝光、被消費者認識的傳播管道，然而消費者也有能力搜集更多資訊、集結力量和聲浪，形成談判籌碼，這都足以影響企業決策，若消費者覺得受背叛，也會拒絕購買或聯合抵制。

網路傳播快速且及時，「水能載舟、亦能覆舟」，這也再次提醒了我們建立個人品牌的同時，不論在真實生活或網路虛擬世界中，都需要誠信正直、謹言慎行、言行一致的表現出自己是怎麼樣的一個人（企業）。

所謂網紅就是個人或組織以魅力或專業知識帶動特定領域的輿論（就是被廣泛討論），他們擁有許多粉絲，被許多人關注追蹤，當某商品或企業透過他們的推薦被更多人看到（可能比傳統行銷買電視廣告媒體還能觸及更多人），這都讓他們接到高額的代言廣告費。而透過 Facebook 粉絲專頁累積粉絲，或 Instagram 累積追蹤人數，都有可能讓你成為網紅。

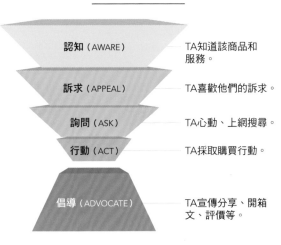

行銷 4.0 的 5A

認知（AWARE）	TA知道該商品和服務。
訴求（APPEAL）	TA喜歡他們的訴求。
詢問（ASK）	TA心動、上網搜尋。
行動（ACT）	TA採取購買行動。
倡導（ADVOCATE）	TA宣傳分享、開箱文、評價等。

下圖的啟示是，先設立一個循序漸進努力的目標：成為微網紅。

有潛力網紅

粉絲 1 千到 10 萬人

網紅

粉絲 10 萬到 50 萬人

超級網紅

粉絲 50 萬人以上

微網紅和粉絲有更高的互動（較不會有距離感），也是企業喜歡合作洽談的對象，一來廣告成本通常可以討論，二來微網紅有可能成為「潛力股」，彼此間魚幫水、水幫魚，一起水漲船高。

安琪挖給你們的悄悄話

　　透過粉絲專頁定期貼文分享教學心得、經營理念、新資訊，讓舊有粉絲有文章可以讀、有新東西可以看、也可以直接向有興趣的朋友推薦分享；也讓新朋友了解我和我所經營的心靈藝術，而學員的評價和我在這個領域累積的小小名聲都有助於他們決定來到工作室學習。

　　「微網紅」的狀態有助於我和企業合作，例如文具商；還有出版社主動邀請寫這本書。請朋友推薦我認識線上學習平台並討論合作課程，我也相信粉絲人數也是一個參考數字。

　　我自己也是去年才開始學習使用 Instagram，近日開始更深入的熟悉 Instagram 操作運用（我承認，我還像年輕人一樣樂於學習），我相信這都會讓我在數位時代更有競爭力。

建立數位時代行銷平台的 checklist。

□設立 Facebook 粉絲專頁（可參考 P.145。）
□累積 Facebook 貼文和粉絲（可參考 P.150。）
□申請 Instagram 帳號
□開始練習並熟悉 Instagram 操作

你的作業
HOMEWORK

重點整理

　　學習數位時代的行銷模式，了解並善加利用，絕對在會讓你微型創業時，事半功倍。

懂不懂法律，大有關係

創立的公司不論規模大小，都要注意相關的法規，如果微型創業能善用政府法規資源，都會有助於創造更大效益，比如：可以申請優惠利率的創業貸款、政府專案經費補助等。此外具備一定的法律相關知識，以免觸法也不自知，避免後續可能衍伸許多意想不到的狀況。

001 CLOUM 申請營利事業登記

我建議微型創業者為公司取一個好記且和營業項目相關的名字申請營利事業登記，或利用經濟部商業司網站一站式申請，如果覺得手續繁雜，可透過會計師事務所協助，從公司申請、取得統編、開立發票、報稅等事宜都有專業人士人負責，自己就可專心掌舵公司營運和經營管理。

公司型態有分「有限公司」和「行號」，營利事業登記一個人就可以申請「有限公司」，資本額不用太高，能承攬的業務就有限、因此承攬責任也有限，非常適合微型創業。此外進貨、租金等等支出原始憑證皆可以申報。

類別	舉例	資本額	發票
有限公司	❶ 有限公司	24萬以下也可申請。	二聯或 三聯式
	❷ 無限公司 ❸ 兩合公司 ❹ 股份有限公司	高	
行號	行號、企業社	低	每個月營業額20萬以下，可以申請免用統一發票；20萬以上須開二聯或三聯式發票，以上則一申請。

002 CLOUM 商標、專利、著作權

以下簡略說明商標、專利、著作權，詳細資訊可上經濟部智慧財產局（https://www.tipo.gov.tw/mp.asp?mp=1）查詢。

商標

　　取好公司名，並設計 Logo（商標）後，除了申請營利事業登記外，也記得要去經濟部智慧財產局註冊登記（個人也可以申請），也可以委託事務所協助預先查閱和申請。商標代表的是品牌形象和資產，商標的申請是防止市場上有人銷售的商品商標與你雷同，導致消費者混淆，而損害到你的利益，反之你也不能侵害他人的權利，商標法同時有民事和刑事責任。商標屬於無形資產，好記又好念的商標絕對是稀有資產，先申請先贏，申請後享有十年專用權，期限到繳錢又可以再用十年。

專利

　　取得專利的要件有三：商品利用性、新穎性和進步性。侵害他人專利權行為目前只有民事責任。

　　而專利權分為三種：發明專利、新型專利和設計專利，下表簡單說明。

專利名稱	說明
發明專利	物品、方法和用途的發明。
新型專利	物品形狀、構造和組合。
設計專利	物品全部或部分的形狀、花紋、色彩等視覺設計創作。

著作權

　　著作權關乎大家的權益，保護僅及於該著作的表達，而不及於其所表達的思想、程序、製程、系統、操作方法、概念、原理、發現。保護的標的如下：語文、音樂、戲劇、舞蹈、美術、攝影、建築及電腦程式等著作。

其他可能相關法規

　　為維護交易秩序與消費者利益，確保自由與公平競爭有「公平交易法」；為保護消費者有「消費者保護法」；為保障營業秘密，維護產業倫理與競爭秩序，調和社會公共利益有「營業秘密法」；依據想要開發的商品或提供的服務，餐飲食品類有功效說明、廣告文字涉及療效，要注意是否違反「食品衛生管理法」；化妝品分為一般化妝品和含藥化妝品，一般化妝品的包裝和廣告都不能涉及醫療效能，含藥化妝品只能銷售於藥局等相關通路；前陣子新聞報導，網紅代言醫療用品無意間涉及違反「藥事法」挨告；教學團體必須注意「短期補習班設立及管理準則」；成立人民團體（協會）必須登記立案之外，還要去地方法院申請法人立案登記才能舉辦義賣或公開募款活動。

重點整理

　　政府法規相關內容往往是多年固定未改的，建議上政府網站查詢跟你的創業商品或服務有關的法規，也建議撥點預算請專業人士協助辦理。

善用資源，發揮無限可能

我相信專業的價值，所以願意付費使用高品質的資源和強有力的工具，但是創業初期，如果能善用免費的資源，何樂而不為？

目前許多大型企業所提供的免費資源並不是向使用者收錢，而是讓使用者成為該平台的會員（受眾），而憑藉這些受眾，企業可以向其他企業收取廣告費或向上游供應商收費來創造利潤，例如 Google 搜尋平台、雲端硬碟和免費翻譯等，Facebook 社群網站、Youtube、Instagram、Line 等社群平台都不用付費（除非用戶使用更高階的功能），大家可多方運用。

如果你需要學術研究支持你的想法，「台灣博碩士論文知識加值系統」（https://ndltd.ncl.edu.tw/cgi-bin/gs32/gsweb.cgi/login?o=dwebmge）可供一般民眾查閱，而「免費資源網路社群」（https://free.com.tw/），是以免費資源為主題的網站，目前站內共有七大主題，包括個人服務、免費空間、免費軟體、網路科技與線上工具等，可以瀏覽搜尋和利用。

政府單位也透過經濟部中小企業處設立「青年創業貸款」（https://www.moeasmea.gov.tw/ct.asp?xItem=10738&ctNode=609&mp=1），勞動部設有「微型創業鳳凰貸款」（https://beboss.wda.gov.tw/cht/index.php?code=list&ids=75）協助微型創業，以及產業人才投資方案（https://ojt.wda.gov.tw/）、經濟部中小企業女性創業飛雁計畫（https://www.moeasmea.gov.tw/ct.asp?xItem=15047&ctNode=1218&mp=1）都可以協助提升創業知能和輔導就業等。

常見貸款申請流程參考

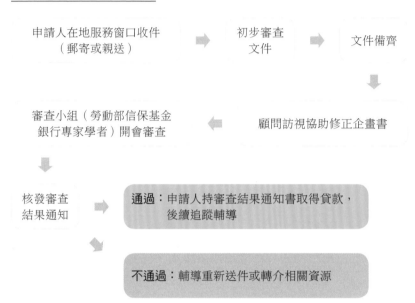

申請人在地服務窗口收件
（郵寄或親送）
→
初步審查
文件
→
文件備齊

審查小組（勞動部信保基金
銀行專家學者）開會審查
←
顧問訪視協助修正企畫書

核發審查
結果通知
→
通過：申請人持審查結果通知書取得貸款，
後續追蹤輔導

不通過：輔導重新送件或轉介相關資源

　　如果想要申請政府創業貸款，你要會寫創業企畫書，除了你的創業基本資料、財務分析、商業模式等細節，最重要的是你的「賣點」要讓審查委員覺得你的企業具有競爭力，可以穩定成長，你能如期還款。而企畫書的格式都大同小異，企畫書要填寫的內容與你企業經營注意項目幾乎相同，可以依需求上網搜尋下載填寫。

重點整理

　　微型創業就是挑戰將有限資源發揮出無限可能的能耐，所以能善用各種資源的人當然能有一番作為，讓事業有所發展。

分析
和加強

職能盤點分析自己,
累積能力

ANALYSIS & STRENGTHENING:
Analysis of professional competence,
and continue to accumulate

分析和加強
ANALYSIS & STRENGTHENING

經過醞釀期的快速補腦後,該好好盤點自己各方面的狀況,在微型創業的路上,你已具備什麼條件?又有什麼領域要加強?有沒有什麼「項目」加上什麼「助力」可以讓你的事業如虎添翼?

想要成功創業,要擁有什麼人格特質?你的興趣和專長在目前的市場上可以怎麼發展?你的競爭力在哪?你的經歷和人脈是否幫得上忙?個人品牌該如何建立?都可以在這一章好好學習。

2-1 section 如何職能盤點?用商業模式 check

商業模式重點在怎麼讓客戶買單你的商品和服務,否則再好的商品或服務,如果沒有變成有買賣雙方的商業模式,都是空談。

商業模式有九大構成要素,不同企業在思考商業模式時,也有不同靈活運用的方式。有的是從下圖商業模式的左邊著眼,自身的關鍵資源去發想,找到新的族群客層;也有從既有客戶的需求發展新的營業項目,我們先從這九個面向一起檢視自身的各方面狀況。

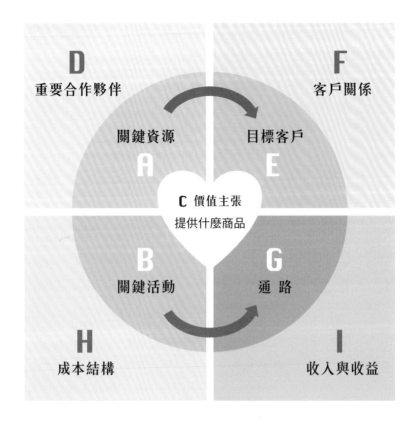

CLOUM A 關鍵資源（你擁有什麼和你是誰）

當一間公司要準備成立，也就是在微型創業開始運轉之前，我們要先清點自己擁有的關鍵資源。

什麼是資源？一般想得到的、可以用的都叫資源！

然而從個人創業角度探討的關鍵資源，通常就是視自己的實力和狀況，擁有什麼能力創造出符合市場需求的商品和服務？通常要先盤點再整合以產生動力和能量，並啟動個人的商業模式。個人的關鍵資源分為：

❶ 興趣

興趣是一個人的熱情所在，能讓你興致勃勃的進行，且就算再辛苦也樂此不疲。這往往是職業生涯中主業以外或是你創業的主要動力；也可能是當身邊親友反對、遇到挫折時，支持你不放棄、繼續前進的重要

燃料，更可能是讓自己事業躍進的加速器。在個人的創業與複業生涯中，每個人在意和考量的面向也不同，包括有些無法量化的成就感或時間安排的自主性更是被創業者看重的收益。

安琪姐給你們的悄悄話

　　你聽過心流嗎？那是一種當你在做喜歡的事情時，投入全部的精神，全神貫注且忘我的投入，我們往往徜徉其中忘記時間流逝、甚至廢寢忘食，同時也會產生滿足愉悅感。是的，能讓你產生心流的事情，往往是你的心之所向、也是你不斷前進的動力。

我的興趣

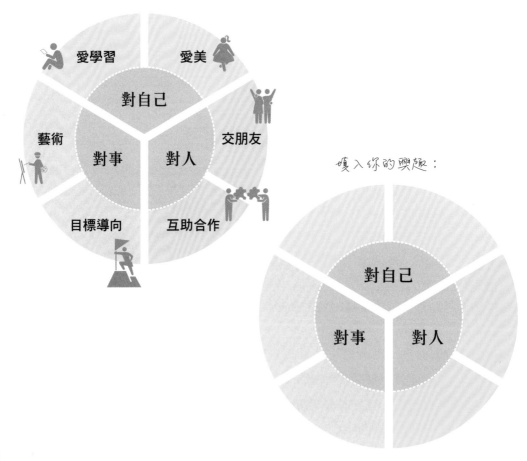

填入你的興趣：

❷ 才華或技能

　　不論是天生的天賦才華或是後天學習養成的技術和技能，只要是你自己或別人都覺得你很擅長的領域，就是可列舉的才華或技能。如果自己已在該領域耕耘多年，就更具備向外延伸發展的優勢，如果有相關的證明或執照則是很好的加分條件。

我的才華或技能

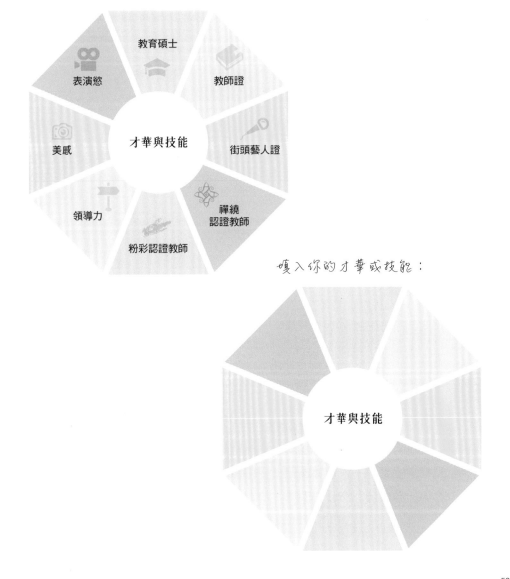

填入你的才華或技能：

❸ 人格特質

　　人格特質指一個人在待人接物上表現出的特質和風格。有研究指出，人格會影響到職業選擇、工作滿意感、壓力感、領導行為和工作績效。一般來說一個成功人士會擁有的人格特質通常包括情緒穩定（高EQ）、決心、自我管理佳、積極樂觀、有責任感、有行動力。

　　我們也可以從在意人或在意事，以及做事快或做事慢四個取向來初步判斷一個人的人格特質，當然在不同情境也可能跟著改變，不過這也有助於我們判斷跟不同領域的朋友展開的合作可能性。分別是指：

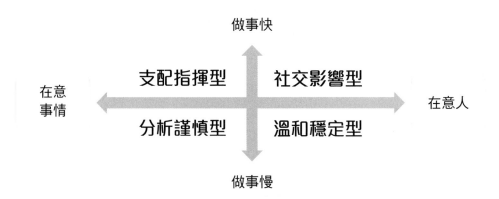

請勾選你的特質：

類型	特質			
支配指揮型 （在意事情、做事快）	□擅長領導 □行事果決 □較沒彈性	□擅長指揮 □自以為是 □有主見	□目標導向 □不顧情面 □較理性	□講求效率 □勇於接受挑戰
社交影響型 （在意人、做事快）	□善協調 □太愛現 □太自戀 □口才佳	□有群眾魅力 □情緒明顯 □人際關係佳 □擅長表達	□喜歡與人互動 □太愛引起注意 □太在意他人評論	

類 型	特 質
分析謹慎型 （在意事情、做事慢）	☐ 擅長分析　☐ 注意細節　☐ 邏輯強　☐ 理性的 ☐ 鑽牛角尖　☐ 吹毛求疵　☐ 想太多　☐ 注意流程制度 ☐ 謹慎思考才行動　　　　☐ 把問題複雜化 ☐ 有幾分證據說幾分話
溫和穩定型 （在意人、做事慢）	☐ 動作慢　☐ 善於傾聽　☐ 堅守崗位　☐ 喜歡穩定安定 ☐ 較保守　☐ 太怕改變　☐ 有持續力　☐ 喜歡與人接觸 ☐ 喜歡按部就班　　　　☐ 情緒穩定溫和 ☐ 樂於鼓勵支持別人

　　通常在創業初期時，除了要具備領導者的目標導向和行動力，還要具備跟供應商協調溝通或在客戶面前展現自己提供商品服務的優勢，同時還須注意各環節的細節、分析事件或成本與營收，最好還能情緒穩定且高 EQ 的處理所有事情，才能讓事業日益穩固並茁壯。

❹ 我擁有的資產

　　　「你擁有什麼」，這包括有形和無形的資產。有形的資產是你實際擁有「對工作有實質或潛在效益的資產」，例如車輛、工作室、工具、專業服裝、資金或其他能投資於職涯的實質資產，例如金錢。

　　　無形的資產包含對產業相關經驗和資歷十分豐富，取得專業聲譽，例如得獎，以及為特定領域的意見領袖，例如擔任社團領導人，或是優質的人脈、任何你的著作、網路的粉絲支持者、專利等。

我擁有的資產

無形資產
INTANGIBLE ASSETS

❶ 二十年國小教師資歷

❷ 教師會理事長

❸ 兒童舞蹈教學與表演
　十五年資歷

❹ 績優導師數屆

❺ 教學輔導教師數年

❻ 人脈資源

❼ 招生開課Know How

有形資產
TANGIBLE ASSETS

❶ 工作室

❷ 網站

❸ 資金

❹ 證照

❺ 課程

❻ 材料包

填入你擁有的資產：

無形資產
INTANGIBLE ASSETS

❶

❷

❸

❹

❺

❻

❼

有形資產
TANGIBLE ASSETS

❶

❷

❸

❹

❺

❻

❼

關鍵活動（你做哪些事）

　　由關鍵資源發展出來，指為了滿足客戶需求而執行的主要任務，包括提供商品和服務，也是賺取收入的主要核心。簡單來說就是「賣」。至於怎麼「賣」呢？賣自己研發的商品還是代理別人的商品？自己賣還是委託他人？在實體店面還是透過網路販售？在這邊只要先寫出你的關鍵活動，「如何賣」從 P.76 開始會循序漸進深入討論。

我的關鍵活動

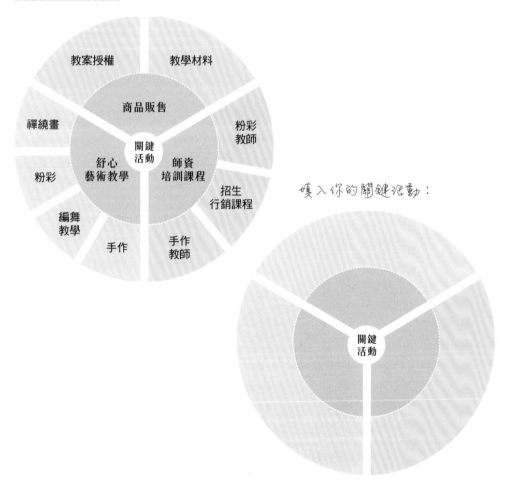

填入你的關鍵活動：

價值主張（客戶因為我得到什麼好處）

各種價值主張（如商品、技術或服務），包含解決客戶的問題、滿足顧客的需求、符合客戶利益等價值來建構，並提供有吸引力的價值元素組合，也就是我們常說的「賣點」。這些價值有可能是你的理念和使命，也可能是更快速、更方便的提供商品，或是更新穎、有效、客製化等功能，都是以為客戶創造商品或服務價值為切入點。所以先將價值主張轉換為客戶利益，就能找出三到四個你的「賣點」。

價值主張（客戶利益）舉例功能

依據商品類型簡單舉例，並根據人類的心理需求，轉換成可以提供給客戶的好處，你可以想想你的商品有什麼賣點？

類別	餐飲類	衣飾類	住（房）	行（車）
賣點	更好吃	更好看	環境美	安全
	更省錢	更省錢	方便	方便
	方便	環保	舒適	舒適
	健康	防曬	安全	環保
	安全衛生	材質好	格局適合	拉風好看
	氣氛好	增加樂趣	節省能源	象徵地位
	很好拍	修飾身材	治安好	服務好
	服務好	被讚美	環保	

類別	育		樂		身心靈	
賣點	方便	有競爭力	放鬆	方便	療癒	安心
	更有效	提供機會	紓壓	逃避痛苦	放鬆	提升自己
	客製	自我實現	客製	追求刺激	助人	
	賺更多		更開心	打發時間		

我的價值主張

提供的商品或服務	消費者利益	目標族群
舒心藝術課程	紓壓、休閒、方便、客製化服務	上班族（紓壓）、退休族群（休閒）、兒童（靜心和提高創造力）
培訓課程	教學扎實、交通方便、客製化、提供機會	想培養第二專長、想創業的人
演講課程	經驗豐富、值得信任、客製化、配合度高	企業社團、校園團體
社團課程	經驗豐富、值得信任、客製化、配合度高	企業社團、校園團體
編舞教學	經驗豐富、值得信任、客製化、配合度高	企業社團、校園團體

填入你的價值主張：

提供的商品或服務	消費者利益	目標族群

重要合作夥伴

　　包含提供商品的上游廠商、提供建議的專家、顧問、創意夥伴，或是協助完成部分任務的協力廠商。良好且愉快的夥伴關係，往往有助於我們提供更好的商品和服務給客戶。在 P.122 會有更深入的說明。

我的合作夥伴

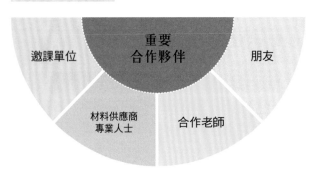

填入你的合作夥伴：

目標客戶

　　狹義來說是付錢給你，買你的商品或服務的客戶（B2C），廣義來說，因你提供的商品和服務而受惠的人或是企業（所以有可能變成 B2B）。

　　現在的經濟型態和消費市場與以前完全不同，就像 M 型社會一樣，傳統中間（所謂主流）市場的不復存在，讓許多提供「大眾化」商品的傳統大企

業也必須因應時代來改變行銷策略。在數位時代的人們，因資訊取得快速，客戶更看重自己的情況而不從眾，也讓分眾、小眾市場的需求能夠被看見進而滿足，因此目標客戶的圖像必須清楚，以免進行行銷溝通時成效不彰。

　　雖然我個人喜歡廣義的看待任何可能的機會，但剛起步的微型創業者請把目標客戶放在你看得到、對他們有一定程度的了解、短時間就能接觸到的族群身上，因為千里之行還是要始於足下，從你可以掌握的客戶下手，才能更有效的開發及運用資源。此部分我將放在 P.81 做更深入的說明。

我的目標客戶

填入你的目標客戶：

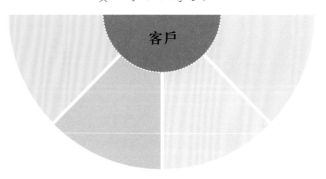

客戶關係

　　早期稱為客戶管理,為企業和客戶溝通或互動的方式,時至今日客戶的力量已變得不容小覷,和企業之間的關係也比往昔對等。在商業模式中,我們和客戶是透過面對面、網路或其他書面方式溝通?有沒有客製化服務?依照提供的商品或服務性質不同,與客戶的關係是一次性還是持續性?客戶關係的維繫往往有助於維持原有顧客並拓展開發新客戶,因此和客戶保持雙向且良好的互動溝通,有時透過問卷調查作為參考依據,進一步提升商品和服務品質,就能更貼近客戶的需求。這部分會在 P.175 做更深入的說明。

我的與客戶的關係

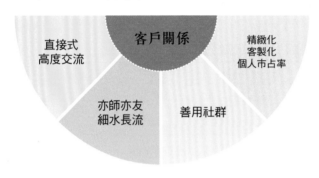

填入你理想中與客戶的關係:

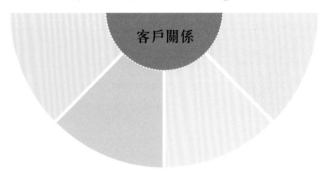

通路（近年來又被稱為運營、營銷）

商品或服務接觸到客戶的管道，也就是你運用什麼方式將商品或服務賣給客戶。通路在商業模式中非常重要的原因是，潛在客戶如何知道你的商品和服務？影響客戶決定購買你的商品和服務的原因是什麼？如何將商品送到消費者手上？如何確保消費者正確愉快的使用商品、享受服務？通路在商業模式中扮演的角色特別重要，與行銷領域涵蓋的範疇有所重複，從 P.76 建立品牌就開始說明。

CLOUM **H** 成本結構

為經營這事業須投入的時間、心力、資金。初期籌備的花費可能包括硬體設施，例如店租、電腦、手機軟體等配備；培訓人員、社交或學習、取得代理等支出，定期支出包含交通、水電、電話費、廣告文宣等。擬定的方式可以用下列簡單的預算表格：

❶ 籌備期：一到三個月

支出項目	預計工作天	完成日期	金額	備註
商品原物料				
服務衍生成本				
Logo、名片設計與印刷				
商品、服務目錄文宣				
場地成本含租金、裝潢、設備等				
網站架設				
行政雜支等				
取得相關證照				
準備金				
		總計		

❷ 定期開銷（每個月或兩個月）

支出項目	日期	金額	備註
房租			
電話費			
會計費用			
原料材料成本			
營業稅			
交通雜支			
勞健保			
總計			

CLOUM I 收入與收益

在個人企業的商業模式中，獲利來源為你進行關鍵活動時的「買賣交易價格 × 交易數量－成本」，這是實質收入；在實質收入之外，會產生一般傳統上班族或高階經理人沒有辦法享受的收益，例如省去沒效率的行政流程、可以自己做決定、擁有更多選擇權、時間自主安排等。這些往往不能量化卻也影響著我們的情緒品質，因此也會被列入個人收益中，畢竟有時候，一百萬也買不到睡到飽、說走就走的小旅行或自由自在的快樂。

以我經營項目為例：

實質收入項目	金額	日期	備註
一般藝術課程			
進階藝術課程			
教師培訓類課程			
教案授權			
演講式課程			
材料包			

收益項目	重要打 V	安排日期或頻率	備註
自由安排時間出國			
陪家人			
充足睡眠			
運動			
有時間看展			
自主權			

重點整理

　　從商業模式中探討你所擁有的關鍵資源，透過關鍵活動找到你可做的事情以建立起你的價值主張，包含你想為客戶創造什麼價值、同時思考你有那些可以合作的夥伴、初步擬定目標客戶、透過通路將商品或服務交到手上，建立良好的客戶關係，同時控制成本結構和創造收益。

我能端出什麼吸引人的好物？

　　我能拿來創業的商品是什麼？建議從自己有興趣的事物中找出特色商品或提供服務。在商業模式中，重要的一環是賣出商品或服務。然而，為什麼要進入這個領域？這和你的熱情所在，或想為人類創造什麼價值有很大的關連，通常這當中會有感動我們自己的故事，如此才能感動別人。所以你可以先從下列方向去找到與自身資歷和形象較契合的商品或服務，同時要對這商品或服務有熱情和感動。

　　可以思考的方向有：❶ 原本就已具備的實力股，❷ 須花點時間精神進行的潛力股，可以是階段性達成目標，或兩者同時進行。

001 CLOUM　原本擅長的技能和興趣

❶ 有人喜歡旅遊和攝影，後來發展成專業攝影旅遊團的專業領隊。

❷ 有人愛做菜，變成烹飪節目的主持人。

❸ 有人愛跳舞，原是老師的助教，後來偶爾代課，最後老師去進階班教學，請她教入門班。

002 CLOUM　轉賣生涯中累積的資源

　　可能因為理念相同而拿到有競爭力的獨門商品；或許因經驗豐富、學有專精、人脈豐富而成為顧問、比賽評審、經紀人；也可能是自身跨領域的經驗，最後無意間整合培養出另一門專長，有時是附加價值和刻意練習後轉變成為營業項目，但這些資源都要慢慢累積，不會立即出現。

003 CLOUM　精進有興趣的技能，轉成為收費服務

　　規劃進修、支出和時間進一步學習深造，刻意練習、累積經驗、培養能力或取得相關認證，在未來，可以成為老師收學費，或是增加新的販售品項、服務項目，甚至加入新的組織和平台，和其他領域的廠商一起合作創造價值。

以我個人而言，我喜歡與人互動又喜歡美的事物，看到別人達成夢想，都讓我感到十分開心和感動。在大學時，我取名安琪拉，就是期許自己能成為像天使一樣的存在，這似乎是我的天命。

◎可提供的服務

1. 喜歡健康美麗，想要扮演好生命中每個角色，也喜歡幫助別人，所以經營直銷事業，加入大企業的平台系統。

2. 擅長兒童舞蹈，因緣際會開始接編舞表演案子，也因擅長溝通與教學，所以很容易開課、接演講案子。

3. 學習肚皮舞，精進教學和表演，考取新北市街頭藝人證照，接政府活動、商業表演。

4. 擁有企管行銷與教育背景，使舞蹈課程和心靈藝術課程開班授課順利，所以之後教授老師們開課招生及行銷方法。

5. 不斷投資自己、學習進修，我學習美容概念與營養學、學習肚皮舞、取得直銷公司美容顧問聘書、美國有氧體適能教練認證、藝術繪畫類認證教師、中國心理健康指導師，成為多元老師和顧問角色。

寫下你的對這產業的感動，以及可能可以發展的商品和服務？

_____

_____

你的作業 HOMEWORK

重點整理

　　審視自己有興趣的事或專長有哪些，將這些喜歡做的事情或專長，轉化為有價值的商品和服務提供給客戶，及滿足客戶的需求。

2-3 強化商品、提升競爭力

　　了解自己的價值、定義目標客戶並強化核心競爭力才能有效經營個人企業。因為客戶花錢，而我們提供專業的商品或使他們滿意的服務，這是最基本的。因現今消費者更清楚自己想要的東西，也更容易透過網路搜尋資訊和他人評價甚至比價，找到更符合他們需求的東西。

　　知識容易被複製，例行性的事務工作容易被機器人取代，但人所擁有的熱情、製造出領先業界的商品、擁有的爐火純青技巧或日積月累的能力難以被模仿，所以如果你已有商品或服務的雛型，可以透過下列方式加強品牌特性，以提升競爭力並吸引潛在客戶。

❶ 突出品牌理念

　　你經營的品牌使命和思想、甚至是你的行為準則，通常可以轉化成一句完整的 Slogan，可以用 10 秒介紹自己經營的事業，快速讓客戶知道你提供的商品和服務。

> 舉例 EXAMPLE
>
> 　　我成立安琪拉樂藝工作室，品牌使命是「推廣平民藝術、生活美學，透過藝術活動讓人表達自己、讓人更開心」，同時品牌特色是有一群合作共好的老師，所以安琪拉樂藝工作室的 Slogan 是「相信任何人都可以是快樂的藝術家，有一群專業的老師樂意與您一起進入藝術的世界。」

你的品牌理念是：＿＿＿＿＿＿＿＿＿＿＿＿＿＿＿＿＿

你的品牌 Slogan：＿＿＿＿＿＿＿＿＿＿＿＿＿＿＿＿

你的作業 HOMEWORK

❷ 提升商品的質量、包括獨特性、差異性、功能性

　　確保商品品質夠優異與獨特，和其他同類商品的差異是什麼？有沒有特殊專利或有什麼特別的功能。

> 舉例 EXAMPLE

　　安琪拉樂藝工作室課程（服務）的獨特性、差異性、功能性：

- 有多位老師們共同合作經營，業界罕見。
- 老師們累積不同年齡層的學員、相異族群和場合的教學經驗，互相支援，有能力接更多類型的活動和課程。
- 不斷開發適合不同族群的獨創特色課程，滿足舊學員也吸引新朋友。
- 老師們運用多元教學方法、課程中師生互動融洽、學員們因愉快的藝術創作體驗而給予熱情回饋和高度評價，因此演講後常有新邀約；學員們也成為好朋友並轉介新客戶。

你的商品或服務可以怎麼做更優質、更獨特或差異化：

☐ 我如何做到更精緻美觀：＿＿＿＿＿＿＿＿＿＿＿＿＿＿＿＿＿

☐ 我如何做到更物美價廉：＿＿＿＿＿＿＿＿＿＿＿＿＿＿＿＿＿

☐ 我如何做到更體貼入微：＿＿＿＿＿＿＿＿＿＿＿＿＿＿＿＿＿

☐ 我如何做到消費者取貨更方便：＿＿＿＿＿＿＿＿＿＿＿＿＿

☐ 其他：＿＿＿＿＿＿＿＿＿＿＿＿＿＿＿＿＿＿＿＿＿＿＿＿＿

❸ 優化流程：更順暢、快速等等

　　經過學習、練習或調整，可以讓商品產出流程更快、數量更多，或是能善用專業分工，讓銷售到取貨流程更順暢有效率，甚至是運用影片軟體製作短片和上傳自媒體、Facebook 開活動等，一步步優化流程，可讓事情更有效率的完成。

舉例 EXAMPLE

- 我一開始向上游廠商訂購材料，或有人向我買材料包時，我都花不少時間協調和面交付款，在後來改成轉帳匯款，以及貨物郵寄的方式後，買賣雙方都省下許多時間。
- 安琪拉樂藝工作室粉絲專頁上貼文使用的照片或影片，一開始只使用一個 APP 製作活動海報和活動影片，時間花費較長，後來跟朋友交流，學會交叉運用兩到三個製作短片的軟體，在操作變流暢後，我善用時間完成影片並快速上傳，當天即可完成活動相關貼文。
- 合作團隊利用 Line 群組、Facebook 社團建置活動資訊、儲存重要資料、分享學習資訊，省去互相詢問的時間，使討論事情、分工協調更快速有效率。

---

❹ 強調服務品質和速度

　　不論是賣商品或賣服務，都要在銷售前、銷售中、成交後等不同階段，提供客戶貼心且迅速的服務。

　　當商品和服務規劃達到一定的專業和品質可以「上市」，就要開始思索誰會需要這些商品和服務。這些目標客戶，不只是從統計學上的年齡層、職業類別和收入、興趣等數據量化分析，最重要的是他們的心理感受和行為習慣，對他們而言，透過你取得這些商品和服務具有某種程度的吸引力或不可取代性，因為你在有形或無形中營造出來的風格（Tone 調）是不可忽視的主因，客戶從視覺上看到網站設計、商品包裝、商品型錄、服務企畫書等，還有整體營造出來的感覺，包括業務的形象、售後服務和相關周邊的配套等都是客戶的考量因素。

品牌呈現的風格，也就是人們第一眼看到的直覺感受，稱為視覺設計。Logo 與整體視覺設計必須搭配經營產業和品牌名稱，所以呈現的風格也不盡相同，以下簡單舉例但非絕對，若非本行專家建議找專業設計協助。

風格（感受）	主題配色取向	常用線條	圖案選擇舉例	常見產業
溫暖 熱情 有衝勁	紅色 橘色 黃色	曲線 弧線	太陽 火 愛心	餐飲
專業 理性	深藍色 深灰色	直線	幾何	銀行 保險
清新	淺藍 淺綠 淺粉	點 弧線 曲線	花草蔓藤	花店 文創業
夢幻	粉色 馬卡龍配色	弧線 曲線	彩虹 泡泡 獨角獸	網紅咖啡廳 文藝咖啡廳
酷	黑白	直線	幾何	設計 個性商品

當目標客戶越來越明確時，就有更多具體的依據可以思索定價和收費，然而這是大部份剛開始創業的人不習慣的地方，所以首先要相信自己做的事情、販賣的商品和提供的服務都是有價值的。

有些領域的市場或平台可能有所謂公定價或行情可以參考，然而有些特別的領域，如服務類型的無形商品、市場首創的商品或服務，更需要你勇敢定價，只要客戶和你都可以接受這場交易，外人就沒有置喙的餘地。

關於目標客戶和定價策略，會在 P.129 和 P.136 深入說明。

1. 販售直銷產業的保養品與健康食品時，須親身體驗商品和學習相關專業知識外，自己要成為商品愛用者，也要成為健康與美麗的代言人。除此之外，積極正面的形象和親切貼心的服務會讓客戶更信任。

2. 具備舞蹈這個興趣和專長，剛開始是擔任兒童舞蹈社團，以及主動負責自己所待學年的年度表演，所以當有人來洽詢可否付費請我協助編舞表演時，我認為是挑戰也是機會，所以我一邊規劃一邊做中學。同時也到外面學習肚皮舞及參加美國有氧體適能協會的課程和認證考試。

3. **優化**：我大量學習也大量編舞、接課程和表演案子、參加公益活動、考取街頭藝人認證、開始寫部落格介紹自己的舞蹈表演和編舞作品。

4. 接到洽詢電話或在籌備期被詢問如何收費的話，該如何處理？可以先問對方的具體需求和活動預計進行的時間，在問答的過程中提供對方更多你的課程和服務資訊，以及表達合作意願，不需要馬上回答「多少錢」。

重點整理

　　開始練習用一兩句話介紹你提供的服務和商品，再找到並加強自己競爭力和特色，以及優化商品和服務流程，讓你的事業的作業流程更順暢有效率。

2-4 section SWOT 分析找到優勢和競爭品牌分析

「SWOT」分析源自於企業管理，非常適合用來檢視自己的競爭力，從外部大環境的影響與內部個人優劣勢，交叉著手進行分析，從中找出最適合自己發展的方向。

你可以先從主觀敘述開始，寫下自身優劣勢狀況與所屬環境等外部因素的機會與威脅。

以下為 SWOT 舉例說明，若你有這些優、劣勢，或是和現今所處環境符合，你可以直接勾選，但要記得多填寫自己的實際情況。

SWOT 舉例說明

內部（自身）優勢 STRENGTHS

☐有相關專業證照
☐具競爭力有特色的才能
☐豐富的經驗和資歷
☐人脈廣　☐懂廣告行銷
☐資金充足　☐有交通方便的工作室
☐其他
　1. _____
　2. _____
　3. _____

外部機會（環境）OPPORTUNITIES

☐該產業符合趨勢潮流
☐科技進步、資訊發達
☐相關法令有助企業發展
☐有機會擴展　☐景氣正好
☐其他
　1. _____
　2. _____
　3. _____

內部（自身）劣勢 WEAKNESSES

☐時間有限　☐資源有限　☐害怕改變
☐沒主見　☐經驗有限　☐情緒管理不佳
☐個人的缺點與習慣，如：
☐其他
　1. _____
　2. _____
　3. _____

外部威脅 THREATS

☐競爭者眾多　☐小眾市場
☐場地租金高　☐不景氣
☐其他
　1. _____
　2. _____
　3. _____

策略分析

從自身條件與外部環境狀況做交叉分析，檢視自己的優勢與劣勢，策略分析為：

❶ **善用優勢、抓住機會**：這是採取非常主動積極的「攻勢」策略。適合本身條件非常好的創業者趁勢而為。

❷ **善用優勢、克服威脅**：利用自身優秀條件克服外部威脅，有助於創業者站穩腳步。

❸ **改善劣勢、掌握機會**：改善劣勢往往需要花更多的時間和投資，有時候必要的改變才能掌握機會。

❹ **改善劣勢、減少威脅**：當自身狀況較不優，加上外部環境的威脅，勢必要好好改善，以免創業之路跌跌撞撞，最後無疾而終。

外部因素 vs. 內部因素	列出外部機會（O）	列出外部威脅（T）
列出內部優勢（S）	❶ 善用優勢、抓住機會	❷ 善用優勢、克服威脅
列出內部劣勢（W）	❸ 改善劣勢、掌握機會	❹ 改善劣勢、減少威脅

在針對自己創業面臨的情況分析後，訂定相關計畫對策。

🗨 *安琪捏給你們的悄悄話*

以我自身情況舉例，我擁有教育、行銷的專業背景，又取得心靈繪畫領域認證，現今環境雖然不景氣，但反而療癒系、身心靈產業都有其商機，再加上資訊時代，透過自媒體是很好的行銷工具，我善用過去的經歷和人脈資源，找對族群，加以開發市場。

在分析之後，你會發現，通常你能掌握和改變的關鍵往往是在自己，將優勢加以強化，做自己擅長的事情；個人弱勢的部分可以學習並改善的，例

如學習時間管理和情緒管理，若有需要則可以付費請專業人士協助或找尋合作夥伴補足（畢竟沒有一個人是完美的），在 P.122 會再深入探討。

002 競爭品牌分析
CLOUM

如果你是新創的品牌，並開發了一個新的市場，遲早會出現別的品牌和你競爭；如果是後來才進入原來就存在的市場，那麼你的出現也可能會引發市場上的攻防戰。所以我們必須知己知彼，知道自己在廣大市場的位子，才比較有機會出頭天。

請搜集並列出你創業領域中的知名品牌或前輩的資訊。

	你的商品或服務 名稱：＿＿＿＿	同類競爭品牌 名稱：＿＿＿＿	同類類似品牌 名稱：＿＿＿＿
商品特色			
價格區間			
目標客戶			
採用媒體			
廣告訴求			
通路方式			
客戶選購理由			
其他			

重點整理

先條列整理自己的優缺點和所處外在環境的優劣勢，這都有助釐清自己的強項並善加利用，藉此找到努力的方向，如：進修提升或借助他人專長。

打造你的個人品牌

什麼是品牌？說到速食店想到麥當勞、說到連鎖店想到方便的好鄰居 7-11、說到量販店就是好事多、說到名牌是 LV。總之品牌是指：一個企業在消費者心目中的形象，也包括建立起來的商譽。

對個人企業來說，建立個人品牌非常重要。因為我們自己就是這個企業的主體，從製造（代理或創造）出商品到銷售還有服務，包括個人形象的展現，就是個移動式廣告和店鋪。當所有事物都要自己要一手主導包辦時，除了商品本身的優勢之外，你展現出怎樣的特質和態度？對客戶而言，你是怎樣的人？能提供怎樣的商品和服務？什麼時候別人會想到你？或是看到你時會想到什麼？這些都會在你的付出行動中，塑造成你的品牌形象。

建立品牌的價值在於，當客戶對你日漸熟悉和信任之後，容易長期向你購買及使用，相對也會產生較高的品牌忠誠度，此外還會轉介新客戶給你，並在你擴充營業項目時，他們也會向你購買新商品，所以品牌建立相當重要，這帶來的後續效益是無可限量的。

001 品牌建立初期
CLOUM

一開始要思考並決定許多細節事項，而我們先從最基本但也最重要的公司名稱開始思考。

❶ **事業用名**：俗稱藝名、闖蕩江湖人稱？也可以是暱稱、英文名等。主要是給人深刻的印象。

　　・**以我為例**：我是安琪拉。

　　・**你來試試**：_____

❷ **頭銜**：表現主要的事業項目，例如：心靈繪畫老師、歐卡教練。

　　・**以我為例**：我是禪繞畫認證教師、我是和諧粉彩正指導師。

　　・**你來試試**：_____

❸ 宣傳口號：使用上述事業用名和頭銜一起創造出好記易懂的 Slogan。

- **以我為例**：我是心靈繪畫老師安琪拉，帶你進入舒心療癒的藝術繪畫世界。

- **你來試試**：

❹ 商號建立：公司名稱或私人工作室，有助於提高信賴感，同時在公司名稱內放入對營業領域的使命和意義更佳。

- **以我為例**：安琪拉樂藝工作室。

- **你來試試**：

上述加起來就是你的自我介紹詞：

我是安琪拉樂藝工作室的負責人，是心靈繪畫老師，歡迎一起來到舒心療癒的藝術繪畫世界。

- **你來試試**：

個人品牌與商品服務結合，留給客戶專業好形象

「個人品牌」、「商品」對陌生客戶而言只是個名詞，我們提供的「服務」雖然是動詞，對人來說會缺少「溫度」，因為缺少感受和情緒的「形容詞」。因此除了該領域的專業知識和能力之外，行銷策略就是給客戶有感覺、有感動的「形容詞」，以擄獲消費者的心。

建立（強化）個人特色（以利找出定位）

　　商業活動發展至今，一個企業的存廢或壯大，重點往往不在進入目標市場時是草創期還是成熟期，而是有沒有找到個人的定位。在各式各樣類似的商業活動中，強化個人的特色，並建立個人品牌在消費者心目中的地位是當務之急。例如：星巴克和路易莎都是咖啡廳，7-11 也賣咖啡，但是他們的目標客層和訴求都不同，所以會有各自的市場

安琪老師給你們的悄悄話

　　身為禪繞畫老師，在過往二十年的教育資歷中，讓我樂於在校園中和兒童、老師分享，學習禪繞畫能幫助人們專心、靜心；對於忙碌的上班族或專業人士，學習禪繞畫是很好的紓壓活動；對於企業或社團組織，我也提供進行藝文活動的舒心新選擇。

你的商品和個人特色是什麼？

_____

_____

_____

_____

_____

你的作業 HOMEWORK

找出定位、做出差異化、增加競爭力

在日益競爭的商業環境中，差異化在於「敢與眾不同又能被認同」下執行，才能使自己被看到。差異化的大原則是同業難以模仿或抄襲，以下列出可用的差異化策略：

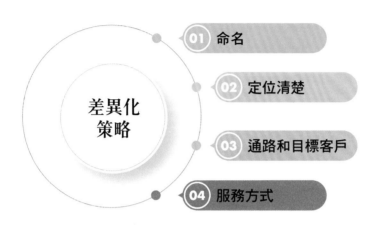

❶ 命名

取一個跟商品與服務連結高、讓人印象深刻的名字。

例如：「女王」是一個知名部落客、兩性作家；「阿滴英文」是英文互動教學，擁有百萬粉絲 Youtuber；「崴爺」專業斜槓大叔，聽名字感覺就很威。

你定下名字是？

_____

_____

_____

❷ 定位清楚

　　定位就是找到區隔、立足點，對企業而言找出市場上尚未被滿足的空間，並提供商品或服務，就是搶得先機。

　　例如航空公司和三麗鷗合作的日本航線彩繪機（Hello Kitty 飛機）；路易莎咖啡以外帶咖啡起家，價位親民且有質感，還提供早餐輕食，鎖定上班族；阿原肥皂目標是好東西賣給追求好品質的有錢人，讓他可以支持小農。所以個人品牌的定位，是讓人對你有印象，只要產生識別度，就是你的特色和賣點。

安琪輕鬆你們的悄悄話

　　同樣是禪繞畫老師，我清楚鎖定小學兒童與老師校園族群、貴婦和退休族群等。並成為極少數成立專業工作室者，更開設招生課程、分享不同領域的教學經驗，我的過去經驗和專業技能，使我的變現能力比同業高一些（這就是我的差異化和價值），還有一群合作的老師一起提供藝術教學服務，有能力接人數較多的大型課程和演練（這是我的競爭優勢）。

你的商品特色是？

_____

_____

你想要賣給怎樣的人？

_____

_____

你的作業 HOMEWORK

❸ 通路和目標客戶

　　微型創業較容易有效率的在設計商品和服務上，透過特定、有效的通路方式直接觸及目標客戶。這很容易和過往的工作資歷、人脈關係有高度連結。你的商品和服務可以透過什麼方式或請誰幫忙分享呢？可以賣給哪些有特定需求的族群？要明確找出目標客戶，不要想討好每一個人，即使是小眾市場，也可以創造出可觀的產值，只要透過特定的通路就可以直達鎖定的消費者，所以掌握通路就是贏家。

你的腦中有沒有浮現三位目標客戶？

❶ _____

❷ _____

❸ _____

你怎麼去找他們？

_____

_____

❹ 服務方式

　　在意客戶的回饋和需求，並用心服務、以客為尊，不管是提供客製化服務，或是及時回應，只要溫馨且貼心的提供服務，就能得到客戶的信任和青睞，在他們有需求時就會找你，也會樂意轉介新客戶。個人事業通常是口碑相傳後發展起來的，所以精緻深入的服務、提供附加價值和滿足心理層面的需求，更能牢牢抓住客戶的心。

- 初期售前服務：

    1. 收到洽詢信件或訊息盡快回覆並表達感謝之意。

    2. 最好可以電話溝通，了解對方的需求。

    3. 在了解客戶需求時，詢問對方預算空間，再用完整配套、客製化的方式報價。

    4. 保留價錢彈性但不採低價競爭。

    5. 協助處理自己能力範圍內的問題。

- 交易中的服務：

    1. 守時與誠信。

    2. 協助客戶了解和使用商品。

    3. 鼓勵客戶反饋。

    4. 確認客戶的滿意程度。

    5. 請客戶利用 Facebook 按讚或公開打卡分享等。

- 售後服務

    1. 再次感謝客戶。

    2. 與客戶保持定期接觸或聯絡。

    3. 提供客戶有興趣的新資訊。

如果在你住家附近的早餐店接到電話，聽到你的聲音就知道你要幫全家買早點，記得誰吃什麼口味的三明治、喝的鮮奶茶幾分甜，女兒的烤吐司不要太焦……這些都會讓人覺得超窩心！每次天氣不好懶得出門買早餐，我就會撥電話請他們外送，這時即使金額未達外送門檻，他們依然會幫你送，下次你就會記得多點些餐來謝謝他們！當你願意提供一些彈性給客戶，客戶就會記得你的貼心，並願意因你的服務成為忠實客戶，這也是種培養長期客戶的方法。

勾選適合你和客戶互動的方式：

☐ Facebook 個人專頁　　☐ Line　☐ Line@　☐ Email　☐ 電話聯絡

☐ Facebook 粉絲專頁　　☐ Facebook 社團　☐ 面對面

2-6 塑造品牌形象
section

　　品牌就像一個人的個性和特色，而個人企業通常「自己」就是品牌，因此要如何透過有形、視覺化的展現，或是在相處之後感受到你的人格特質？這都須下功夫後，再展現出個人特色，客戶對你的第一印象才會好。

- 始於形象

　　一開始的印象來自打扮合宜、舉止得體、符合專業的形象。

- 敬於才華

　　自己須具備專業領域的能力和技術，才能得到對方肯定。

- 合於性格

　　高情商、正面樂觀、個性不計較、好相處，讓人感覺彼此合得來。

- 久於善良

　　為人誠信、厚道，經營的是良心事業並負起相關的社會責任。

- 忠於人品

　　商譽的建立需要從平常各種大、小事中累積，用心經營的品牌，才會讓人信賴且走得長久。

2-7 section 專業文宣配備

你的企業 Logo、名片、簡歷、粉絲專頁等自媒體（網站或部落格）都是個人品牌的無限延伸。當你選擇開始經營，就要讓人印象深刻、有話題性並讓人感到專業。尤其是 Facebook 粉絲專頁這類型的自媒體，更是經營個人品牌的重要利器，將在 P.145 詳細說明。

• Logo 與名片

Logo 與名片的整體設計包括配色、造型與連結（如：網站、粉絲專頁），也可搭配簡單的故事讓人印象深刻，會讓人想收藏，而不會放入名片海中。但如果這不是你擅長的領域，建議花錢找人設計和印製。

安琪拉給你們的悄悄話

禪繞畫鼓勵創作者設計自己的簽名，可用一個獨特的記號象徵，畫在自己作品的正面。禪繞畫的五元素是「·點」、「—直線」、「（弧線」、「S 曲線」、「〇球體」，同時禪繞畫鼓勵轉紙，當時我畫著點、圈及四個方向的 A，就設計出這個 Logo。在名片的設計上有一個小方格，可以讓我和初見面的人分享一個小小的禪繞畫作為紀念，事實證明這個設計讓新舊朋友都印象深刻，覺得十分有創意。雖然後來往往是我自己畫比較多，但依然引起好奇和話題。

除了在認識朋友、接洽活動、演講授課、辦活動場合會使用到名片外，我會將名片放入課程材料包中，讓學員多一個聯絡我的管道，甚至可能幫我轉介新機會。

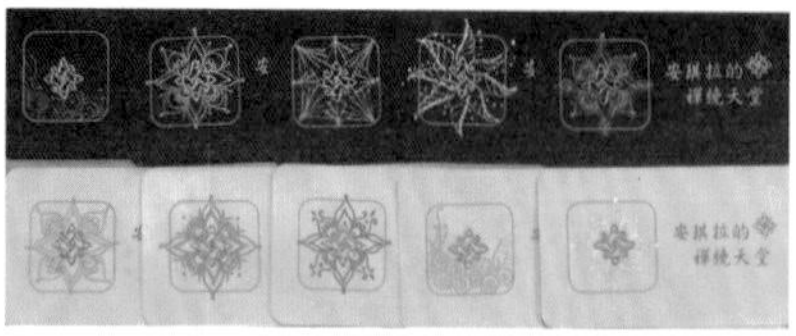

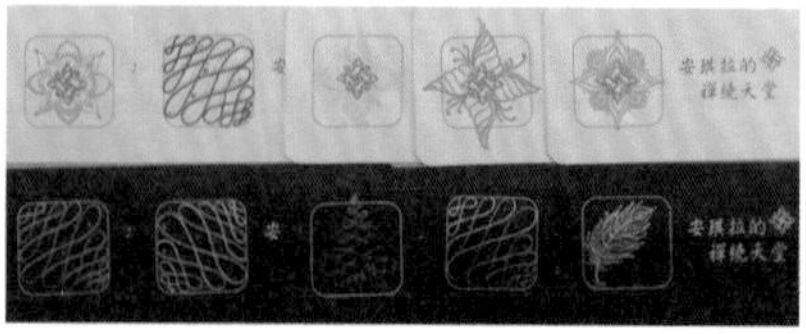

簡歷呈現原則

1. 我認為簡歷不是求職履歷，所以須另外製作。通常簡歷會在和對方洽談後，當他們有興趣進一步了解時，才需要提供，有時是向上級單位申請活動和經費的存參資料。

2. 簡歷須簡單且清楚的呈現：最高學歷、相關認證、重要資歷與相關照片。

3. 建議做一個完整的、仔細條列的版本，每兩個月定期更新，除了能記錄自己的狀態外，也能在客戶有需求時快速提供。

4. 依據閱讀簡歷的目標對象調整簡歷內容，除了能符合客戶的需求外，更能在廠商堆中脫穎而出。也可事先準備 2 ～ 3 份簡歷，在面對不同類別的客戶時，能更快速的提供。

　　之前我在經營肚皮舞教學和表演時，曾利用 Yahoo 經營「安琪拉的戀舞天堂」部落格，然而隨著科技的發達、時代的轉變，Facebook 的粉絲專頁和 Instagram 應該目前是微型創業者的好幫手。而 Facebook 經營有許多眉角，在 P.145 和大家分享。個人品牌在經營一段時間後，可以考慮成立網站（一般稱為官網），網站的好處是比起名片，在相關資訊的呈現上能更豐富多樣，比起粉絲專頁看起來更像個公司企業，然而買網域是一筆費用，架設網站和維護需要額外花錢、花時間學習，找專業人士協助也會產生額外的支出，所以建議先建立和經營個人事業的粉絲專頁，把「建立網站」設為一年後的投資目標。

◎以下為安琪拉的網頁（手機版介面）

▲網站首頁

▲可放作品集

▲說明提供的服務

重點整理

　　開始建立你的個人品牌，不管從品牌名稱到 Logo，都須依照自身情況強化品牌優勢和競爭力、持續優化流程才能在市場上站穩腳步，而相關文宣品也可以開始設計和印製，以加深客戶對你的信任度。

具備資訊能力

微型創業是一個麻雀雖小但五臟須俱全的概念，所以資訊的基本能力創業者都應該要具備，除了能優化流程外，做事也能更有效率，不需要假手他人，尤其在企業草創初期，在資金的運用上都應該更精準到位。

以下介紹幾個資訊處理好工具，大家可以視個人需求選用或學習。

❶ 文書處理

須具備基本文書處理的能力，在撰寫計劃案、準備開會文件、課程講義等都可以使用 word 做文書處理。當有演講或提案簡報的場合、教學場域等會需要製作簡報（Power point），作為說明的輔助工具。

Word　　Power Point

google線上文件

❷ 通訊軟體

利用 Google mail 收發電子郵件；學會設計 Google 表單可用來統計報名人數或做問卷調查；利用 Google 文件來建立、編輯及共享文件，可以在討論後馬上修改相關文件，讓效率大幅增加。

gmail　　LINE

Line 的功能非常多樣化且普及度很高，可以跟朋友聊天、和客戶溝通等，都可以免費且直接的透過電話溝通、轉寄資料、傳檔案文件等，更可以善用共同相簿和記事本儲存重要資料。Line 很適合用來和新朋友互動及維持客戶關係。我將此部分舉例應用放在「客戶關係經營」章節，可參考 P.175。

❸ 照片美化軟體

在活動或作品照片側邊標註個人工作室，或加上美化邊框、馬賽克等，美化後的照片更適合放在自媒體上，也可以用來製作 EDM（電子海報），直接轉發給熟客或朋友，藉此增加新客源。可運用美圖秀秀、海報工廠、黃油相機等軟體。

美圖秀秀　海報工廠

黃油相機

❹ 影音軟體

在 Facebook 上最容易引起消費者注意的通常是影音作品，再加上有些作品用動態呈現效果會更佳，

小影　　抖音　　美拍

所以製作完影片後，除了 PO 文之外，也可以將影片傳給可能有興趣的客戶觀看，增加他們的購買意願；洽談課程初期也可作為具象的討論主題。可運用美拍、小影、抖音等軟體製作影音短片。

❺ 省時省力收付款

電子支付提供買賣雙方更便利的選擇，如：Line pay、街口支付，可以讓學員付款更便利，我們在對帳或是處理材料買賣收付也方便等。

街口支付

LINE Pay

❻ 生產力工具

運用短網址產生器（bitly）可以提供客戶較短的導購網址，讓他們不會因看到一長串網址，而感到錯愕；若是運用在自媒體貼文時，版面也會較為美觀。QRcode 產生器可以將任何網址產生 QRcode（二維碼），讓我們便於運用到名片、DM、手冊等各式文宣上，讓客戶拿起手機一掃，就能看到你想提供給他們看的資訊，客戶也不會因要耗費輸入網址的時間，而不願深入了解你的商品或服務。

二維碼產生器

bitly短網址產生器

❼ 其他

水電、瓦斯、信用卡、手機費等帳單，可辦理自動扣繳，省下繳費的時間。

自動扣繳

👤 安琪想跟你們的悄悄話

多方運用各式軟體，才能讓你更有效的支配時間，省下不少土法煉鋼的冤枉路。從零碎的時間開始節省，當你的企業體漸趨穩定後，就能運用這些時間，做更多有益於企業體的事，如：拓展業務等。

重點整理

基本資訊軟體運用是微型創業者須具備的技能，除了自主且有效率的進行微型創業的活動外，也能省下不少處理雜務的時間，所以從各類文書處理、收發電子郵件、美化照片編輯影片等軟體，都是我們應該具備且能靈活運用的能力。

行動

目標設定、
建立品牌及定位

ACTION:
Goal setting, brand building and
positioning

行動
ACTION

創業雖維艱但更要勇敢行動，只要設立清楚且可行的目標和行動計畫，在展開行動時，透過做中學調整自己成為真正的老闆包含觀念、專業等內外在條件，而當你開始動作，並逐漸累積出自己的口碑，就能一步步改變自己的品質，進而提高自己的質量。除此之外，還要注意你的財務管理和慎選經營夥伴，並將自己視為事業最好的代言人和銷售人員。

3-1 做和目標有關的事情：目標設立與制定計畫
section

當決定經營一份屬於自己的事業時，把目標具體化、數據化的設定是很重要的第一步，我們才知道往什麼方向前進，做對自己設定的目的地有幫助的事情，且不會隨波逐流。加上設定不同的目標成果也需要付出不同程度的時間和精神，所以目標沒有對錯，重點是要依據你在意的、你的熱情所在，以及心所嚮往的工作型態和生活品質去設定目標。而目標設定的原則是：

❶ 你真心想要達成的目標。

❷ 考量時間和自身能力和大環境狀況後，目標必須具體和可行。

❸ 目標要遠大但記得切割成數個小目標，逐步且逐件的完成。

仔細看下列表格並勾選你的創業目標，但其實無論勾選哪一個，我們都必須從短期目標開始著手進行。因為這就像當我們在拼圖時，要先想像拼圖最後完成的全貌，才會比較有效率和效能。

打 ∨	目前狀態	目標	建議時間規劃	收入情況	時間和精神付出
	兼差 娛樂	短期目標	一～二年	萬元以內	利用下班假日 兼差
	全職 取代目前收入	中期目標	二到三年左右	三～五萬 一般上班族	至少是上班族 的工作時數
	成功的老闆 斜槓族	長遠目標	三年以上	十萬以上	全力以赴的 創業家

　　即使選擇「成功的老闆」選項的人，我依然建議從兼差開始規劃，因如果抱持創業家全力以赴的心態和行動，通常一年甚至半年後就會發現自己有實力全職，這時候就是面臨選擇的交叉路口，而每個人都會有自己的全盤考量，我的建議就是：「閉起眼睛，想像一下五年後十年後的你，會給自己什麼建議？」有時候是為了有安心闖蕩的本錢，你必須再為五斗米折腰數個月，但只要記得階段性目標是辭去工作，別折到忘記抬頭挺胸為自己工作就好（我為了離職也先折腰了兩年）；辭去令人厭煩的工作其實只是需要一個勇氣和決定，但人們往往對於手上已經擁有的雞肋捨不得放棄，這是人性也是舒適圈的魔障，但一個人只有兩隻手，如果不空出手來，怎麼抓取更好、更多的機會？所以有捨才有得，先確定自己的目標後，就開始放膽做。

　　在目標確認之後，要先擬定與目標相關的計畫，通常我會分為籌備期、試營運、模式建立期，以下分別說明。

　　籌備期大概一個月到三個月左右，不要拖太久，否則很容易熄火。抓出你所有的零碎時間，採取行動，做和創業有關的事情；有時候在籌備時就可能有人洽詢或預約案子，那就加緊腳步、趁勢而為吧！

　　在這個時期有非常多的事情需要採取實際行動，這階段的行動比較像做功課，了解市場、搜集資料和整理自己的資源，並記錄下來。

項目	寫下你的答案 （可以隨時調整）	預計 完成日期	可能需要加強之處 （供參考可自行增減）	預計 完成日期	商業模式 環節
檢閱能力： 選擇有熱情 的領域	我喜歡	＿＿年 ＿＿月 ＿＿日	例如： □ 拿相關證照 □ 進修相關課程 □ 其他：＿＿＿	＿＿年 ＿＿月 ＿＿日	價值主張 關鍵資源
創業概念 形成	**思考理念和核心價值** 我的理念是： 商品（服務）的價值是：	＿＿年 ＿＿月 ＿＿日	例如： □ 觀察成功企業的 　理念 □ 和前輩討教 □ 其他：＿＿＿	＿＿年 ＿＿月 ＿＿日	關鍵活動
	營運模式 我可以怎麼賣？ □ 透過店鋪 □ 上網賣 □ 自己賣 □ 透過親友推薦賣 □ 其他	＿＿年 ＿＿月 ＿＿日	□ 多看看不同實體 　店面 *紀錄：* □ 多瀏覽他人網站 *紀錄：*	＿＿年 ＿＿月 ＿＿日	

項目	寫下你的答案 （可以隨時調整）	預計 完成日期	可能需要加強之處 （供參考可自行增減）	預計 完成日期	商業模式 環節
創業概念 形成	□ 買一兩本創業的書 　來看 書名： ＿＿＿＿＿＿＿	＿＿年 ＿＿月 ＿＿日	□ 其他：＿＿＿＿	＿＿年 ＿＿月 ＿＿日	關鍵活動
設計商品 或服務	初步構想 商品（服務）是什麼？ ＿＿＿＿＿＿＿ 商品（服務）提供給誰： ＿＿＿＿＿＿＿	＿＿年 ＿＿月 ＿＿日	□ 搜集市場資料 ・同類商品： 　A 牌 ＿＿＿＿ 　B 牌 ＿＿＿＿ ・販售通路： 　A 牌 ＿＿＿＿ 　B 牌 ＿＿＿＿ ・使用族群： 　A 牌 ＿＿＿＿ 　B 牌 ＿＿＿＿ ・定價： 　A 牌 ＿＿＿＿ 　B 牌 ＿＿＿＿	＿＿年 ＿＿月 ＿＿日	關鍵活動
	設計定價 ・價錢成本： 　單價約 ＿＿＿＿元 ・時間成本：約多久 　產出多少商品？	＿＿年 ＿＿月 ＿＿日			
	定位 你的與眾不同處是： ＿＿＿＿＿＿＿	＿＿年 ＿＿月 ＿＿日	□ 市場上其他品牌 　的定位是： 　A 牌 ＿＿＿＿ 　B 牌 ＿＿＿＿	＿＿年 ＿＿月 ＿＿日	
找出潛在 客戶	可能有興趣的族群 年齡層：＿＿＿＿ 產業別：＿＿＿＿ 身　分：＿＿＿＿	＿＿年 ＿＿月 ＿＿日	□ 跟以前的同學、 　同事、朋友聯絡	＿＿年 ＿＿月 ＿＿日	目標客戶

項目	寫下你的答案 （可以隨時調整）	預計 完成日期	可能需要加強之處 （供參考可自行增減）	預計 完成日期	商業模式 環節
找出潛在客戶	我身邊有興趣的人可能是誰？（寫名字） 1.＿＿＿＿＿ 2.＿＿＿＿＿ 3.＿＿＿＿＿ 4.＿＿＿＿＿ 5.＿＿＿＿＿	＿＿年 ＿＿月 ＿＿日	□ 參加同好實體社團	＿＿年 ＿＿月 ＿＿日	客戶關係
廣告文宣	□ 寫下 1 分鐘自我介紹含商品服務介紹	＿＿年 ＿＿月 ＿＿日	**大量找資料** 我想呈現的品牌概念是： ＿＿＿＿＿	＿＿年 ＿＿月 ＿＿日	通路 客戶
	□ 寫下 20 秒事業介紹	＿＿年 ＿＿月 ＿＿日	我想呈現的風格是： ＿＿＿＿＿	＿＿年 ＿＿月 ＿＿日	
	□ 思考品牌名 1.＿＿＿＿＿ 2.＿＿＿＿＿ 3.＿＿＿＿＿ 4.＿＿＿＿＿ 5.＿＿＿＿＿	＿＿年 ＿＿月 ＿＿日	□ 聽聽別人對自己品牌的介紹 ‧最喜歡的是： ＿＿＿＿＿ ‧因為： ＿＿＿＿＿	＿＿年 ＿＿月 ＿＿日	通路 客戶
	設計 Logo □ 自己設計 □ 找專業人士	＿＿年 ＿＿月 ＿＿日	我想要的 Logo 概念是： ＿＿＿＿＿	＿＿年 ＿＿月 ＿＿日	
	設計名片 □ 自己設計 □ 找專業人士	＿＿年 ＿＿月 ＿＿日	□ 名片內容	＿＿年 ＿＿月 ＿＿日	

項目	寫下你的答案 （可以隨時調整）	預計 完成日期	可能需要加強之處 （供參考可自行增減）	預計 完成日期	商業模式 環節
廣告文宣	製作文宣 ‧ 思考介紹文宣 DM 內容： ___	___年 ___月 ___日	□ 找一份你欣賞的 同類商品或服務 的 DM	___年 ___月 ___日	通路 客戶
	‧ 製作商品（服務） 介紹文宣 □ 自己設計 □ 找專業人士	___年 ___月 ___日	□ 搜集印製名片、 DM 廠商資料 筆記： ___	___年 ___月 ___日	
	□ 準備提案 PPT □ 準備企畫書	___年 ___月 ___日	□ 上網找企畫書參 考格式 □ 學習製作 PPT □ 搜集企畫書格式	___年 ___月 ___日	
	□ 建立粉絲專頁 粉絲專頁名： ___	___年 ___月 ___日	□ 搜集建立粉絲專 頁資料 □ 學習使用Facebook 的粉絲專頁操作	___年 ___月 ___日	
	□ 預告親朋好友：善 用資源，告訴會幫 忙的人、遠離潑冷 水的人。 告訴誰： 1.___ 2.___ 3.___ 4.___ 5.___	___年 ___月 ___日		___年 ___月 ___日	客戶關係

項目	寫下你的答案 （可以隨時調整）	預計 完成日期	可能需要加強之處 （供參考可自行增減）	預計 完成日期	商業模式 環節
評估並選擇行銷方式和通路或平台	□ 傳統實體店面 □ 發紙本 DM □ 做招牌	＿＿年 ＿＿月 ＿＿日	□ 多學習商業企管 　相關資訊	＿＿年 ＿＿月 ＿＿日	通路 客戶關係
			□ 關於行銷 買書：	＿＿年 ＿＿月 ＿＿日	
	□ 建立網路 □ 建立粉絲專頁 □ 建立 Facebook 社團 □ 利用 Line □ 製作電子 DM	＿＿年 ＿＿月 ＿＿日	□ 了解通路 □ 了解自媒體	＿＿年 ＿＿月 ＿＿日	
行政事務	□ 申請公司或商號 ・找專人幫忙 ・自己跑 □ 會計找誰問： □ 廣告可以透過誰： □ 開戶銀行是哪家： □ 印名片、DM □ 法律事務問誰：	＿＿年 ＿＿月 ＿＿日	□ 詢問開公司的親 　友，請他們推薦	＿＿年 ＿＿月 ＿＿日	合作夥伴
財務狀況	□ 預計投資成本 ＿＿＿＿＿元	＿＿年 ＿＿月 ＿＿日	□ 確認可動用的資 　金＿＿＿＿元	＿＿年 ＿＿月 ＿＿日	成本結構 收入與 收益

項目	寫下你的答案 （可以隨時調整）	預計 完成日期	可能需要加強之處 （供參考可自行增減）	預計 完成日期	商業模式 環節
財務狀況	**調查花費項目（每月）** □ 場地租金 □ 印名片 □ 買書 □ 上課進修費 □ 申請營利事業登記 □ 原料成本	＿＿年 ＿＿月 ＿＿日	□ 了解場地成本 □ 調查進修課程 □ 了解原料、材料成本	＿＿年 ＿＿月 ＿＿日	成本結構 收入與 收益
	□ 預估服務或商品的利潤 例如： 1.（單價 – 服務成本）×每個月（　）次 – 管銷成本： ＿＿＿＿元 2.（單價 – 商品成本）× 一天賣（　）個 ×30 天： ＿＿＿＿元	＿＿年 ＿＿月 ＿＿日	□ 調查所有可能產生的成本	＿＿年 ＿＿月 ＿＿日	
			□ 合理降低成本的方法可能有： ＿＿＿＿＿＿	＿＿年 ＿＿月 ＿＿日	

擁有國小老師／舞蹈老師／傳銷高階領導人／心靈繪畫老師的身分。

因為從小愛講話、愛管人當班長；長大愛影響人所以當老師；喜歡舞蹈所以帶領兒童舞蹈社團和成人肚皮舞表演教學。認識直銷產業掌握變美、變健康、變漂亮的國際事業機會，決定透過傳銷系統幫助身邊的人圓夢。後來又認識了禪繞和粉彩藝術，發現心靈藝術的療癒魔力。除了學校教師的工作之外，其他領域進入初期都利用零碎時間籌備和學習（早起、午休、交通時間、下班後），思考整理商業模式的每個環節，學習商品相關知識、列客戶名單、寫部落格和粉絲專頁、寫企畫書、設計 3 分鐘介紹、設計文宣名片、找人印製名片等，同時告訴身邊親友並善用資源宣傳，製作文宣名片等，以下是我的時間規劃表。

時間規劃表

每天早起半小時

① 看行銷、創業、企管、商業類的書或雜誌。
② 學習商品和服務相關知識技能。

利用午休半小時

① 看行銷、創業、企管、商業類的書或雜誌。
② 學習商品和服務相關知識技能。

**交通車程
或零碎空檔**

① 上網查資料。
② 列名單並分類：資源還是客戶。
③ 跟朋友連繫。

下班到回家吃飯前
約有 2 個小時
（週一到五挑兩三天）

① 拜訪可能有興趣多了解的客戶並介紹商品或服務。
② 設計商品或教材。
③ 設計名片文宣。
④ 找相關廠商。

平日晚上
（在家利用網路1小時）

① 整理履歷。
② 寫企畫書。
③ 早期寫部落格，現在寫粉絲專頁。
④ 回覆客戶洽詢。
⑤ 和夥伴討論。

SAT/SUN
週末至少一個半天

① 多方學習。
② 介紹商品或服務。
③ 拜訪可能有興趣多了解的客戶並介紹商品或服務。
④ 參加社團或活動。
⑤ 找機會認識新朋友。

一週 15 小時左右
一個月 60 小時

重點就是做和創業目標有關的事。

運用「精實創業」的概念，先用較少的時間和精神成本，做一個完整又可行的小型版本，也許一個月或三個月到半年，因不同產業試營運規模所須的時間可能不同。所以可以選擇一邊做一邊看市場反應和回饋，再加以調整和優化，在創業初期，建議先有再求好，全心全力的面對接到的客戶和案子。而這時候通常會很忙，也有很多不在規劃內的情況發生，建議要更注意自己的身心健康、時間規劃和情緒管理。

以校園舞蹈專案為例試營運，利用精實創業模式運作

創意點子
編舞有特色與排練有方法。

建立
① 歷任校慶 400 人編舞指導老師。
② 成立兒童舞蹈社團。

商品或服務
舞蹈表演、編舞、排練。

測試市場反應
額外協助排練，過程中適時調整
① 調整練習頻率。
② 設計更適合兒童與場合的舞蹈編排表演。
③ 客戶最後反應很滿意。

搜集資料
① 了解客戶未來需求。
② 搜集新音樂。
③ 搜集新舞蹈。

學習調整
進修
① 運動生理學。
② 取得舞蹈相關證照。
③ 取得街頭藝人執照。

我以禪繞課程為例，邊行動邊了解市場並調整，可以採取的行動如下：

項目	寫下你的答案（可以隨時調整）	安琪拉舉例分享	商業模式環節
商品或服務（建立創意點子）	□商品（服務）名稱： □商品或服務介紹：	**舒心禪繞課程** 「禪繞畫～透過簡單有趣重複畫幫助你靜心紓壓好像做了一場腦內瑜珈心靈SPA。」	價值主張 關鍵活動
行銷宣傳（建立）	□告訴親友 □參加聚會告訴大家 □發 Line □透過Facebook發文 □Facebook粉絲專頁活動 □建立Facebook社團 □發名片 　有什麼場合？ □製作實體傳單 DM □製作電子傳單 DM □參加活動 □主辦體驗活動 □參加別人辦的活動 □聽演講 □行銷透過＿＿平台 □在＿＿＿買廣告 □Facebook個人貼文 □Facebook粉絲專頁貼文 □發 Line 群組 □其他	**告訴親友** 1. 參加同學會告訴同學。 2. 發Line朋友群、同事群、同學群。 3. Facebook建立粉絲專頁，並持續貼文。 4. 做好名片，隨身攜帶，見人就發發給以前家長同事。 5. 製作家長會專用課程簡章。 6. 製作兒童冬令營專用課程簡章。 7. 參加高中、大學同學會。 8. 參加各類活動、聽演講。 9. 拜訪不同領域的朋友，和他們吃飯或下午茶。	價值主張 關鍵資源 關鍵活動 通路 客戶

項目	寫下你的答案 （可以隨時調整）	安琪拉舉例分享	商業模式環節
介紹商品和服務 （建立商品或服務）	□ 與潛在客戶洽談 潛在客戶名單 1. _____ 2. _____ 3. _____ 4. _____ 5. _____ □ 調整適合的企畫書 給有興趣的朋友 · 討論事情聯繫方式 □ 見面討論 □ 電話 □ Line □ 粉絲專頁私訊	**與潛在客戶洽談：** 1. 我主動問前同事 A，到她班上晨光禪繞的可能性，後來試上第一次，學員們很喜歡，於是教了二學期。 2. 我主動問擔任教師會理事長的前同事 B，有無興趣和經費舉辦教師禪繞研習，後來在下學期舉辦。 3. 我的大學同學任職於銀行行銷單位，主動邀請我為公司 VIP 客戶舉辦課程。 4. 找開咖啡廳的同學合作，和禪繞畫認證老師們一起舉辦歲末感恩禪繞畫體驗活動。 5. 主動找里長，參加里民活動園遊會，設立禪繞書籤攤位推廣禪繞藝術。 6. 問家長會社團負責人如何開立家長學習社團。	關鍵資源 關鍵活動 客戶
關鍵活動 確定並執行 （商品或服務）	**事前規劃和準備** □ 人：工作人員 客戶 □ 事：活動方式	**以銀行 VIP 課程為例** 工作人員 1. 銀行行銷單位 3 人。 2. 我和兩位老師。	關鍵資源 關鍵活動 客戶 通路

項目	寫下你的答案 （可以隨時調整）	安琪拉舉例分享	商業模式環節
關鍵活動 確定並執行 （商品或服務）	□ 時間： 　　單次__月__日 　　　　__點～__點 　　長期 　　　·每週　·隔週 　　　·每個月 　　　·每一季 　　　·一期次 □ 地點：_____ □ 物品： 　　·展示品 　　·課程材料 　　·贈品 　　·客戶訂購商品 □ 活動相關負責人 □ 報名收費事宜 □ 攝影 □ 器材場布 □ 付費方式 　　·見面給 　　·轉帳或匯款 　　·____天內付款 　　·其他	客戶：30人。 活動時間：週五下午2.5小 　　　時（單次）。 地點：銀行 VIP 交誼廳。 物品：展示作品、材料包、 　　　銀行準備小點心。 銀行人員協助場布攝影。 事前提供材料收據、當天 填寫勞務報酬單，並提供 轉帳戶頭，對方隔天匯入。	關鍵資源 關鍵活動 客戶 通路
建立客戶關係 （測試市場反應）	□ 提供商品（服務） 　資訊 □ 關心客戶使用中的 　感受 □ 了解客戶使用後狀 　況	以課程為例： 1. 課程中多認識學員，建 　立關係，拍照留念。 2. 關心學員上課感受。 3. 鼓勵學員分享感受。	通路 客戶關係

項目	寫下你的答案 （可以隨時調整）	安琪拉舉例分享	商業模式環節
建立客戶關係 （測試市場反應）	□ 解決客戶問題 □ 建置客戶資料庫 □ 鼓勵客戶回饋 □ 選擇建立客戶關係平台 ・Facebook 社團 ・Line □ 其他	4. 邀請學員到粉絲專頁按讚。 5. 邀請學員加入社團。	通路 客戶關係
強化品牌形象	□ 搜集客戶回饋 □ 調整商品或服務 □ 強調差異化	1. 請學員填寫課後問卷。 2. 調整教學 PPT 和作品呈現方式。 3. 強調「師生比」給學員更好的學習品質。	
與他人交流	□ 找相關產業合作 　例如：＿＿＿＿＿ □ 認識新朋友	1. 找其他認證老師一起辦活動。 2. 擔任其他老師的助教。 3. 參加各類活動認識更多人。	合作夥伴 關鍵資源
行政管理 自我管理	帳戶管理 □ 支出項目 　1.＿＿＿＿＿ 　2.＿＿＿＿＿ 　3.＿＿＿＿＿ 　4.＿＿＿＿＿ □ 應收帳款項目 　1.＿＿＿＿＿ 　2.＿＿＿＿＿ 　3.＿＿＿＿＿	1. 明確記帳，同一個營業項目都用同一個戶頭支出與收款。 2. 收到款項後，馬上存入並記錄。 3. 下載網路銀行 App。	成本結構 收入與收益 關鍵資源

項目	寫下你的答案 （可以隨時調整）	安琪拉舉例分享	商業模式環節
行政管理 自我管理	□ 注意健康 ・作息 ・三餐正常 □ 注意時間管理 □ 情緒管理	4. 作息正常不熬夜。 5. 三餐正常。 6. 行事曆確實填寫，注意時間安排，定期陪伴家人。 7. 適度休閒出遊、放鬆。	成本結構 收入與收益 關鍵資源

003 CLOUM 模式建立期

適合微型創業的商品和服務，通常三～六個月就可以看出商業模式的端倪。透過商品和服務，觀察並分析整個行銷流程的順暢度，也可透過客戶回饋、問卷調查等，調整個人企業的狀態，藉此找出擅長經營的客層，並能更精準的對目標客群做商品或服務的行銷。

項目	工作項目 勾選或寫下你的答案	安琪拉 以禪繞課程舉例分享
搜集及調整服務	**搜集客戶回饋資訊** □ 透過問卷 ・紙本　・電子問卷 □ 到粉絲專頁按讚 □ 到粉絲專頁留言 **調整商品或服務** □ 選擇性更多　□ 客製化服務 □ 提供多樣付款方式 　1. ＿＿＿＿＿＿ 　2. ＿＿＿＿＿＿ 　3. ＿＿＿＿＿＿ □ 取貨更方便 ・郵寄　・便利商店　・快遞	1. 持續舉辦幾次課程後，我發現透過體驗活動或大型演講式課程，有達到宣傳的效果，有些學員有興趣並願意進一步接洽，而有機會開成帶狀課程。在現場我也鼓勵學員按讚，並提供小禮物，提高他們的按讚意願。 2. 調整課程內容選擇性更多樣，更豐富有趣，針對不同族群設計不同內容。 3. 多種付款模式，舊學員可以現場付學費，新學員轉帳以某幾家銀行為主，也提供行動支付，以客戶方便為優先。

項目	工作項目 勾選或寫下你的答案	安琪拉 以禪繞課程舉例分享
建立作業流程	**逐步建立一套標準作業流程（但保留彈性）** □ 了解客戶的需求 □ 了解客戶的預算 □ 提供客製化的服務 □ 建立報價原則 □ 建立團隊 □ 活動後貼文 □ Facebook 開活動	1. 當客戶主動洽詢課程時，確認客戶的背景、需求，學員人數和預算，告知師資鐘點費和材料費或以專案形式處理，設計適合對方需求和人數的課程，協助安排教師團隊。 2. 為舊學員在工作室開課，並將課程訊息以活動方式張貼在粉絲專頁，吸引新學員報名。曾邀集合作夥伴舉辦「環遊世界禪繞課程」活動，吸引不少新學員。
鎖定目標族群	**目標客戶群和提供的價值越來越清楚** □ 你擅長的目標族群是： _____ _____ □ 你提供給他們的價值是： _____	在不同客層累積教學經驗時，同時也累積了教學有趣和服務貼心的口碑，個人品牌特質越來越明顯，也越能了解並掌握特定族群的喜好。 **· 族群①：小學生** **功能**：幫助靜心、提高創造力、提升美學素養。 **效果**：由於過往教師背景，加上在學校擔任晨光志工教禪繞畫，當消息傳開，就有資優班的演講邀約、開設冬令營、夏令營、甚至到親子館華語營授課。 **· 族群②：上班族** **功能**：紓壓、休閒、培養第二專長。 **· 族群③：公司單位** **功能**：客戶服務、員工福利等軟性課程。 **效果**：從事保險業並擔任小主管的學姐邀請我到她的小組授課後，還到他們通訊處辦理大型保戶活動的演講；朋友介紹找到他們公司辦體驗演講，讓員工感受禪繞之美並開成社團。

項目	工作項目 勾選或寫下你的答案	安琪拉 以禪繞課程舉例分享
開發資源	**持續開發新客戶** ☐ 請朋友介紹 ☐ 請舊客戶介紹 ☐ 參加活動認識新朋友	1. 與開咖啡廳的同學合作，再次舉辦「禪繞紅包」課程，邀請在家長會聚餐時，認識的新朋友參加。 2. 小女兒同學的媽媽在大型企業上班，我請教他公司是否有員工福利社團，經由他的熱心協助，開成禪繞社團。
優化企業	☐ 優化個人品牌 ☐ 差異化在哪裡	1. 身為少數擁有工作室的禪繞畫老師，將工作室整理得更適合教學。 2. 正式成立「安琪拉樂藝工作室」，申請營利事業登記。 3. 提供專為認證教師的師資訓練課程，例如教案分享課程、招生行銷課程、手作藝術課程。
永續經營	☐ 吸引優質合作夥伴 ☐ 想跟什麼樣的人合作 　・誠信善良 　・好溝通不計較 　・負責任 　・資源豐富 　・能力互補	1. 透過參加畫聚活動認識更多不同領域的老師。 2. 演講式課程邀請夥伴擔任助教，進而熟捻，互相支援。 3. 不斷學習新的手作藝術領域，邀請其他領域的老師到我工作室授課，溝通協調過程中討論愉快，後續還繼續邀請老師們開設過其他課程。 4. 這些老師們後來都成為我的重要合作夥伴之一（當時並沒預設任何立場）。
	☐ 持續提升學習	1. 擔任別的老師的助教，學習面對不同特質的學員，豐富自己的教學經驗。 2. 陸續學習其他主題或媒材的藝術課程。 3. 持續閱讀商業、行銷企管、心理學類書籍。

004 持續優化模式

模式逐漸建立後，接下來是優化商業模式。

商業模式	你可以做的事	安琪拉的經驗分享
關鍵活動 商品和服務	☐ 推出更吸引人的商品或服務 ☐ 商品功能變多 ☐ 商品功能更強 ☐ 推出優惠方案	1. 推出環遊系列禪繞課程，由合作老師們輪流研發教案和教學，一期一個主題有 4 堂，三大主題共 12 堂，報 4 堂即享有優惠。 2. 當時除了原訂每週四上午的課程時段之外，還加開假日班和晚上班，讓新舊學員有更多時段可以選擇。
目標客戶 客戶關係	客戶管理 ☐ 如何培養客戶忠誠度，例如：提供 VIP 禮物 ☐ 定義一般客戶 ☐ 定義愛用者 ☐ 開發陌生市場 ☐ 舉辦活動 ☐ 請舊客戶介紹 ☐ 透過 Line 集點數 ☐ 透過 Line 建群組	1. 原則上固定參加課程的學員就是愛用者，享有鐵粉優惠價。 2. 一次報名四堂主題課程也享有優惠價。 3. 舊客戶介紹新學員時，會特別將合照傳給介紹人，感謝他的推薦，讓他知道朋友學習的很開心。 4. 加入 Line 群組的學員常常可以收到即時好康消息。
關鍵資源	☐ 持續加值自己學習新領域 ☐ 優化整體流程例如：更有效率	1. 學習粉彩，取得和諧粉彩正指導師認證。 2. 研讀心理學領域，取得中國心理健康指導師證照。 3. 學習歐卡教練課程。 4. 以前研發教案和備課要花三四天，現在一兩天內搞定。 5. 現在做影片、貼文、開活動都比以前熟練，在操作時能快速有效率。

商業模式	你可以做的事	安琪拉的經驗分享
合作夥伴 通路	□ 持續認識新夥伴 □ 想有什麼新通路 □ 學習使用 Instagram	1. 透過合作老師引薦，工作室與廠商合作，有不同類型的場合和活動，互惠互利。 2. 以前曾擔任教師會理事長，所以也受台北市教師會邀請，舉辦多場教師禪繞課程研習。 3. 透過朋友引薦，在文化大學推廣部身心靈中心開課。 4. 與國立科學教育館合作，每個月推出一堂科學與藝術結合的課程。 5. 出版書籍，準備線上課程。

3-2 section 成功的老闆怎麼想：創業心態調整

　　創業總是讓人又期待又怕受傷害，報章雜誌上看起來成功的例子很多，坊間教人創業致富的書也比比皆是，但是在我們身邊，創業失敗的例子似乎也不少。

　　我認為，初次創業的朋友，創業成功的關鍵在於思考模式和心態有無做調整，也許你很有才華、很有創意，甚至銀彈也夠，但當身分轉換成老闆，就是一個全新的範疇。而當你調整的速度越快，成功率相對較高；畢竟剛開始需要花費的時間和金錢，通常會是不小的壓力，如果早點成功，壓力相對也會減輕；或是將你自己提升到一個更有效率也更抗壓的境界，因為一個成功的老闆必須具備抗壓性高、做事有效率等特質。

創業家老闆須具備的心態

❶ 長期經營、全力以赴

　　眼光要長遠，格局要宏大，擁有長期經營的心態才不會短視近利，秉持一定要成功的決心才能全力以赴。

❷ 持續學習心態

　　對新事物、新領域要以空杯歸零的心態學習，或向業界成功的專家學習（而非親戚朋友），在事業穩定後仍要繼續開創新的學習機會，才會不易被市場淘汰。

❸ 勇於嘗試、不怕挫折

　　創業之路不可能一帆風順，所以要抱持著遇到的任何事情，都是來增加自己的經驗和能力，所以只要你不放棄，就沒有所謂的失敗。

❹ 願意付出代價

　　天下沒有白吃的午餐，免費的通常沒有價值，所以在創業時，要願意做，才會有收穫。

❺ 自我管理

　　時間、健康、財務、情緒自己都要妥善管理。因為以前是老闆或公司主導你的時間安排和工作內容，現在要靠自己安排事情的先後順序和重要性，再將任務排入行程內並設定完成時間。

❻ 專業分工

　　分清楚哪些事情必須花時間和精神親力親為，而哪些事可以委任信任的人處理，或要撥出經費請專業人士協助處理。

❼ 慎選合作夥伴

　　這是一個強調團隊合作的時代，大家是同伴，但不怕神對手就怕豬隊友，所以夥伴的理念契合、誠信負責、互助雙贏等，可以讓團隊發揮更大的能量，創造出一個人無法創造的效果。

但創業的成功與失敗，我鼓勵大家自己定義，且不受他人影響，除非給你建議的人也有創業成功的經驗。因為會選擇創業的人通常不只看賺多少錢就決定成功與否，還包括人生角色的平衡、是否擁有更多時間陪家人，或是能否幫助更多人、有時間出國旅行、認識更多朋友等，可以將你認為創業成功的定義或益處寫下來，當作一個前進的動力，你甚至可以製作「夢想版」將你想要的東西視覺化，這就好像將你的成功藍圖製作出來一樣，像我個人也常用冥想的方式，想像自己事業成功而且過著想要的生活，住想要的社區、每年安排出國旅行、有時間陪伴父母和家人，有一群真心相待的朋友等。

我想要的工作型態或生活模式是？

❶ 年收入多少？收入來源是？

_____

❷ 每天的時間安排是？每週、每月、每季要做什麼？

_____

❸ 跟父母的關係是？跟孩子的關係是？

_____

❹ 和朋友的互動是？

_____

❺ 賺到的錢要用來做什麼？買什麼？

_____

可以用一個簡單的表格來看一下老闆心態和員工心態，作為調整的參考。

	成功的老闆	員工
目標	公司盈餘提高。	職位越高越好。
收入	盈餘股利。	薪水或年薪。
做事心態	主動積極、盡心盡力、有效率講效能。	能閃就閃，有做就好。
學習新事物	是投資，學起來是自己的	要花錢或花時間；省起來是自己的。
抗壓性	高。	低。
看事情	長遠。	短視近利。
看機會	開放。	保守。
遇到問題	根本的解決辦法。	逃避問題，得過且過。
看失敗	從失敗中學取經驗繼續努力。	此法不可行就放棄。
看輸贏	雙贏或三贏。	自己贏。

安璞想給你們的悄悄話

在我輔導微型創業以來，發現最多的狀況是沒有行動力。也許是目標不明確，或是動力、面子、習慣、自信、資金等問題，但最終結果就是沒有行動或行動的量太少。想要創業成功，唯有朝目標前進，才有辦法更靠近目標；唯有採取行動，才能從中累積經驗，而經驗沒有對或錯，只要願意透過做中學來調整和進步，並透過大量的行動找出自己擅長的環節或成功的經驗，就能更接近自己的目標一點，畢竟在創業初期，一定是先求有再求好，以量取質。

重點整理

將心態和思考方式調整為創業家模式，需要不斷的練習（是調整而非切換），有助於面對創業之路上的各種可能情境。

小公司也要賺錢生存：創業財務管理

　　微型創業的出現，讓大家不用像傳統大型創業般，要動輒好幾百萬資金，才能創業。除了一開始籌備期間的必要花費之外，留一點資金在銀行，當你在創業初期一兩年還是會比較安心，這筆「創業安心錢」是存在銀行當作緊急預備金，讓你就算創業失敗你還是有錢吃飯、付水電、瓦斯、房租、房貸等應付基本生活開銷。而到底要準備多少「創業安心錢」呢？建議超過半年的收入或一年的基本生活費，而我在離開職場前，除了準備超過一年生活費的存款外，還有一些還算穩定的投資收益，是大約當時每月薪資的一半，所以是足以應付日常生活所需（也就是所謂的被動式收入）。

算出你的創業安心錢的金額：＿＿＿＿元 ×6 個月 =＿＿＿＿台幣
→如果未達標，請開始認真做理財規劃。

　　但不是每個人都有財務管理的背景，所以那些財務報表、會計報表都有看沒有懂，比較看得懂的可能是自己的銀行存款；但在剛開始小本經營時不需要花錢特別請一個會計人員為你工作，因為如果還沒到一定的規模，需要先降低人事成本。

　　我自己是到便利性和好感度較高的銀行開一個專屬這個事業的新戶頭，存一筆錢作為創業資金，買材料、印名片、學習新課程等都從這個戶頭支出；若有人要支付款項，如：學員付學費、演講收入等都匯入這個戶頭。這看起來似乎很簡單，但其實有一些操作細節要注意。

❶ 每一筆收入和支出都要在當天註記是什麼費用，因為過一兩天就會忘記。

❷ 將私人生活開銷和「營業項目」的帳戶分開，無關的收入和支出不可混雜在一起。

❸ 收到現金時要盡快存進戶頭，以免不小心花掉。

❹ 每個月月底檢視有無未入帳的收入；每三個月檢視整體收、支狀況，確認自己是否滿意這一季的成果。

❺ 不要預先支出還未入帳的金錢，以免臨時需要資金調度時，現金不夠。

❻ 應收帳款有時會不如預期的按時進帳，催收時要有禮貌、婉轉而堅持。

❼ 跟「營業項目」有關的投資也可以動用這個戶頭的金錢，例如：學習類課程。

❽ 要特別注意的是，須預留按月支出的成本，例如房租、水電，還有每年報稅的稅金。

🙋 安琪捏給你們的悄悄話

我大概運用現有資源運轉了將近一年左右，才正式取名為「安琪拉樂藝工作室」，並透過朋友介紹會計師事務所協助申請公司和統編，以利開發票、年底報稅等行政事務。

重點整理

先用簡單清楚、自己也可以做得到的方式記帳，收入扣除成本、稅金才算利潤，定期關注自己的金流流向。

3-4

人脈金礦：建立與整合

人類演化至今，都是群居、合作才發展出現在的文明和進步。人類從出生到死亡都無可避免的與人產生互動，並產生所謂的人際關係。一般人對於認識的、熟悉的、有人介紹的，也多一點信任和加分。俗話說：「在家靠父母，出外靠朋友」，我們也聽過順口溜說：「有關係、就沒關係；沒關係、就有關係」。意思是只要做好關係，需要幫忙時「沒關係，包在我身上！」；但如果關係不好，無論發生大小事，最後可能都會「大有關係」。

001 人脈建立的觀念
CLOUM

將人際關係轉化成人脈資源有多重要？有研究報告指出：一個人賺的錢，12.5% 來自知識，87.5% 來自關係。有時候是貴人相助、有時候是朋友相挺，當天時地利的時候，人和的出現不只是加分而是加乘，而貴人哪裡來？朋友哪裡來？人脈的建立有幾個重要觀念必須釐清，這也提供我們努力的方向。

❶ 人脈建立從日常開始

商機大多是人帶來的，在日常和工作中不斷展現出你對生活的真摯態度，常常面帶微笑，對人們真心關懷與尊重、懂得感恩與人情義理、發揮影響力等，都能提升別人對你的好感。

❷ 從經營自己開始，並持續精進

人脈有互利合作的性質、同溫層的效應，當自己夠強，對他人而言有利用價值，機會才會出現。如果你生活經驗越廣泛或專業價值越高，通常也會認識越多優秀的人。所以持續經精進學習吧！不斷進步，才能增加自己的價值。

❸ 不斷培養潛在人脈

身邊的親朋好友雖然熟稔，但想法可能很類似，反而是新認識、新領域的朋友有可能提供不同的靈感或激發你的潛能，所以趕快加入新社團，多認識新朋友吧！

❹ 謹言慎行、與人為善

平日的言行都是在樹立個人與品牌的形象，因為凡走過都必留下足跡，加上多一個朋友就是少一個敵人，所以注意自己公開發表的言論、Facebook 上的發文和留言、承諾過的事情、參加過的活動和社團、甚至瀏覽過的網站，一切的一切，都在告訴這世界，你是一個怎樣的人。

❺ 誠信服務、互利雙贏

人脈關係好的人，本身一定做人誠信、做事可靠、有服務和貢獻精神、懂得互利互惠，為大局、為對方著想，且共創雙贏，大家合作起來才會愉快。

❻ 需要時間累積質量

人脈的經營是要花時間、花心思，日積月累、一點一滴的建立起深厚的關係，同時需要彼此在一來一往中，真正走入對方的心裡。

❼ 物以類聚

也許是彼此有共同的興趣、共同的理念、共同的經歷和類似的經驗等，當彼此間有共同的話題，也會比較投緣，所以當你想跟什麼樣的人當朋友，自己就要先成為那樣的人。

❽ 白金法則

每個人個性不同，溝通或表達方式不同，用對方希望你對待他的方式待他，即使不是你習慣的方式。

002 CLOUM 人脈的整合

我常開玩笑說，沒有人是出生就帶著一堆朋友一起來到世界上；每一個人都是從小到大，一路建立起人脈關係。先看一下這些人們，這是你的直接認識的人脈，以及可能因此間接認識的衍伸人脈清單：

人脈在哪裡

內圈代表直接人脈
外圈代表間接人脈

列名單原則

由近而遠
由親而疏

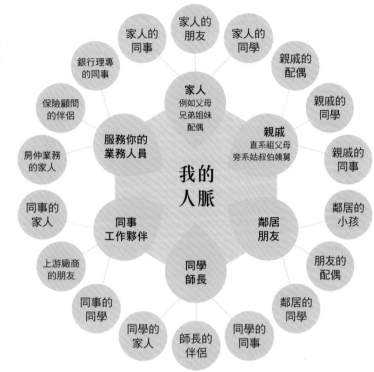

內圈部分為直接人脈

❶ 家人：父母、兄弟姊妹、配偶、孩子。

❷ 親戚：直系祖父母、旁系姑姨叔伯舅、堂兄弟姊妹、表兄弟姊妹。

❸ 朋友：鄰居、以前的同學、同事、外面上課的同學等。

❹ 同學：國小、國中、高中、高職、大學、進修單位、學長姊、學弟妹。

❺ 師長：學習路上喜歡你的老師或前輩。

❻ 同事：長官、合作廠商、同梯等。

❼ 服務你的業務人員：你的房仲、理專、保險顧問、賣家等。

外圈部分為衍伸人脈，這往往是無限延伸且精采的部分

❶ 父母的朋友、兄弟姊妹的伴侶或同學朋友、配偶的家人同事朋友、小孩的同學或同學的父母。

❷ 祖父母的朋友、旁系親戚的伴侶或朋友。

❸ 朋友的伴侶或同學。

❹ 同學的伴侶或同事、學長姊的伴侶或家人、學弟妹的伴侶或家人。

❺ 老師的伴侶或小孩或鄰居。

❻ 同事的伴侶。

❼ 你的服務人員的公司同事。

❽ 更廣大的陌生的朋友。

依據上面的清單，先找出下列四大類型的人，最好是就在你身邊且容易聯絡上的人。

❶ 在創業領域提供專業資源或支援的人

一些法律、稅務、專利申請等行政流程等，都可以請教他們。

專業領域	名單	備註
法律界		
會計稅務		
專利申請		
原料供應		
網頁設計		

❷ 純情感支持

　　會給你正能量鼓勵和支持的人，樂於聽你分享熱情和想法，可能會幫你介紹法律、稅務等資源、願意幫你轉發粉絲專頁連結的人，或是短時間不會馬上幫你宣傳，但有機會絕對第一個介紹客戶給你的人。

專業領域	名單	備註
家人		
死黨好朋友		
同學		
同事		
朋友		

❸ 潛在客戶

　　對你的商品或服務可能有興趣的人，可以取得見面說明的機會，提供樣品或服務企畫案；如果無法馬上見面，也可以提供影音照片或粉絲專頁連結，所以請隨身準備名片，在參加各類場合活動時，可隨時與他人交換名片。

潛在客戶	名單	備註
家人		
死黨好朋友		
同學		
同事		
朋友		

❹ 有能力又有意願幫你介紹機會或客戶的人

也許不是他們自己要購買或使用，但是他會熱心幫你介紹機會的人。

支持者	名單	備註
家人		
死黨好朋友		
同學		
同事		
朋友		

003 重新連結或拓展人脈
CLOUM

在上述檢視和整合之後，通常會發現需要和以前的同學、朋友重新接觸聯絡、建立連結、找回當初的情感連結，也可能需要身邊親友提供，可以給你資源協助的廠商；或是需要朋友轉介潛在客戶等，所以可持續將你的人脈網擴大，並適時分類，在你需要協助時，就能較快速得到資源。

找回老朋友的方法

❶ 定期參加同學會、校友會

學生時代的朋友舉辦聚會，當你參加時，彼此在聊天交流之中，可以知道彼此的工作近況，藉此啟發靈感或增加機會。

上次參加的同學會是何時？ _____

有沒有在同學 Line 群組裡發言分享資訊？ _____

你的作業 HOMEWORK

❷ Facebook 個人學經歷填清楚

類似的人生經歷、同一單位或是認識同一位師長或主管，都可以是與新朋友聊天的話題，因 Facebook 會把有關連的人列為推薦好友名單，所以也可以藉此認識新朋友。

❸ 參加婚禮喜宴

有一些認識但隨著時間流逝、距離較遠，而沒那麼熟的親友，可以藉由參加喜宴再次了解彼此近況，進而變得熟捻。

❹ 在 Line 群、Facebook 社團裡多互動

大家總有 Line 群，Facebook 社團，所以在裡面常發言及和他人互動，就能增加彼此的熟悉感。

認識新朋友的方法

❶ 在網路上或是實際生活中多方參加社團，多接觸人群，才能增加人脈。

❷ 學習新東西，在學習新領域時就會認識新同學。

❸ 在 Facebook 主題社團定期貼文分享、有機會就和社員正面互動，或謝謝別人分享有趣的圖文、回答別人問題、稱讚別人的想法或做法、讚美別人的作品等，都可以增加他人對你的印象。

重點整理

生而為人，在群居的社會中打拚，人脈相對來說非常重要。所以整理你的人際關係，跟不同特質的人交朋友；整合你的人脈，讓不同背景的人成為支持你事業的力量，也為你的事業加分。

只怕豬隊友：慎選合作夥伴

前人智慧在印度諺語中展現：「一個人走得快，一群人可以走得很遠。」人是團體生活的動物，在創業的路上可能有很多自己無法獨自處理的問題，有一群互信互利的好夥伴同行，可以一起腦力激盪、給予情感支持、甚至有代班支援，在大型案子出現時也有信任的夥伴一起合作，做起事來格外開心有效能。

001 CLOUM 團隊中的角色

工作團隊中的分為職能角色和團隊角色，職能角色一般是指他擁有的知識和技能層面能否讓他勝任某一個工作職掌（就像我將合作夥伴分為外部和內部）；然而「沒有完美的個人，只有完美的團隊。」團隊合作還需要透過成員在團隊中扮演不同的角色，才能發揮極大的力量，並將共同的目標有效率的完成。

- **職能角色**

    傳統企業中的職能角色，通常依據專業知能分工，例如出錢投資的是老闆或股東，管理階層有專業經理人，其他還有商品研發人員、行銷企劃人員、業務與客服人員、財務會計人員等。但在微型創業中，我們則是「校長兼工友」，大小事都要自己處理。

- **團隊角色**

    團隊角色往往是依據人格特質和所處的環境培養出來的軟實力，包括人情義理、革命情感等更複雜的因素，因此他的角色功能是經由時間在團隊中慢慢發酵，有些角色較難在短時間被取代。

根據歐洲管理學貝爾賓（Belbin）博士與其團隊研究，一個成功團隊的組成人員包含九種不同的角色，分別擔綱確認目標、活動執行、創意發想與流程管理等不同面向的活動。

這九種角色可分為三大導向，分別負責創意發想與提供專家智慧的「思考謀略導向型」、團隊執行任務的「實際行動導向型」、協調團隊內外部人際關係的「人際溝通導向型」。每種角色不一定只專屬於某一人，也可能一人身兼多重角色，必要時也需要做角色轉換。

思考謀略導向	**實際行動導向**	**人際溝通導向**
專家角色	領導角色	協調角色
監察角色	執行角色	凝聚團隊角色
創新角色	完成角色	資源整合角色

思考謀略導向

專家角色：擁有高度專業的知識和技能，工作態度專注和投入，為團隊在特定且專業問題中提供極佳的建議或協助。但可能因專業性過強，較不善於人際溝通。

監察角色：能保持沉穩和冷靜的態度分析情境、澄清問題，除了能提出戰略性觀點外，能對他人的判斷做出評價，以免讓有價值的意見被忽略。個性通常小心謹慎，擁有廣闊的視野，所以能顧全大局做出對當時最有利的判斷。但有時過於吹毛求疵或拘泥規定，反而帶給夥伴壓力。

創新角色：能打破成規、提出新點子與想法，並為現行流程提出批評和建議，引導團隊成員進行多元或反向思考，避免大家無法進行開創性思考，被局限在原地。懂得自我反省，敢提出其他意見。但因個性較不拘細節或不遵守規則，所以容易和他人產生爭執。

實際行動導向

領導角色：在團體中為目標的推動者，因自我期許高，並渴望任務成功，所以會提出行動方案，積極帶領團隊達成共識、完成目標。但有時會過於躁進，使場面失控。

執行角色：通常自律、務實且可靠，能將大家的想法和建議落實成具體方案並確實執行，以達成團隊目標，是值得讓人相信的實踐者。但個性會較保守，可能不願改變或創新。

完成角色：態度勤奮且認真仔細，會確保任務做到盡善盡美，所以會檢視任務執行時有無錯誤或疏漏，並隨時注意活動行程，確認團隊有按時達成目標。但因追求完美達成任務，相對會較易沒耐心和焦躁。

人際溝通導向

協調角色：個性沉著穩定，有穩定局面的能力，鼓勵成員發揮才能和潛力，所以能受到成員認同與信任；看待事情客觀，能接納和總結團隊意見及感受，並協助團隊確立目標及方向，進一步安排工作職責。

資源整合角色：熱情外向，見多識廣，人脈資源豐富，消息靈通，如同團隊中的外交家，可協助引入外部資源，接觸不同的個體或族群，並代表團隊對外溝通，進行合作協商。

凝聚團隊角色：個性溫和，善於傾聽及關心他人感受，擅長以溝通協調的方式解決團隊的潛在摩擦，以避免紛爭，且會適時支持他人，以凝聚團隊向心力。

002 CLOUM　微型創業中的團隊合作

雖然微型創業往往是從一個人開始，而對內、對外有許多大小事要自己打理、自己決定、自己負責，但是如果懂得善用人脈資源，找到可以合作的夥伴，建立合作的模式和默契，我們會發現創業之路雖然辛苦，但有夥伴同行不會孤單。

我將合作夥伴分為內部和外部，內部是專業人士、原料供應商和協力廠商（或是員工、合夥人、工作團隊），外部則是透過這位人士或團體，我可以直接跟客戶接觸，所以他們很像另一條通路直達目標客群。

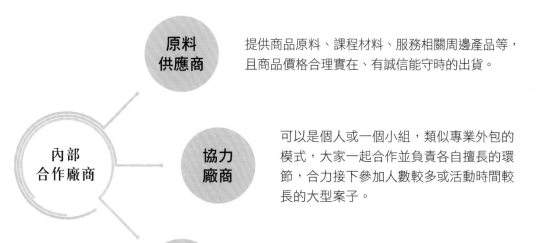

內部專業人士　　個人業務職業相關

內部材料供應商　　　我的合作廠商　　　企業組織

內部合作夥伴教師群　　校園團體

內部合作廠商

　　雖然是內部，但你可能要付合理費用給他們，這也是營運成本之一，這樣大家才能更有共識的合力一起，對外開創更多收入和機會。

內部合作廠商

原料供應商
提供商品原料、課程材料、服務相關周邊產品等，且商品價格合理實在、有誠信能守時的出貨。

協力廠商
可以是個人或一個小組，類似專業外包的模式，大家一起合作並負責各自擅長的環節，合力接下參加人數較多或活動時間較長的大型案子。

其他專業人士
名片、文宣印刷品公司、會計師事務所、網站設計師等。

外部合作廠商

　　說是外部，因為他們像外部通路的一部分，透過他們可以直接接觸到潛在客戶，並談成後續專案。

他的工作業務範圍可能相關、可以幫你引薦或自己就是辦活動、辦課程的人。可能是行銷部門、人力資源主管或福委會的人、或有業務需求，想要回饋客戶的商品或服務。

企業正派經營、形象正面、提供的商品和服務與創業項目相關，就是很好的合作廠商。有時是主動認識的，有時合作夥伴介紹，也可能是親友介紹或公司企劃人員搜尋後，看到粉絲專頁主動聯絡接洽。

校園團體或學術、文教單位等，因他們經營理念和運作模式不同於企業，基於平民藝術推廣，通常會有很多合作機會。

003 CLOUM 我的合作夥伴清單

內部合作廠商

❶ 原料供應商：印刷廠的朋友、美術社、禪繞與粉彩材料購物社團。

❷ 協力廠商：主力是合作的老師，傳說中的神隊友，人數持續穩定成長中。

❸ 其他專業人士：提供名片建議和設計、完稿與印刷都是擔任出版業主管的學弟協助，並介紹電腦排版美編和印刷廠；協助設計安琪拉樂藝工作室和買網域事宜的是朋友的弟弟；朋友介紹會計師事務所協助記帳和發票事宜。

外部合作廠商

我的大學同學是銀行行銷主管，他覺得我的心靈藝術課程可以作為客戶服務，便向上級申請辦舒心繪畫活動給 VIP 客戶們，由我擔任活動講師；我的大學學姊是保險業通訊處小主管，也邀請我為保戶舉辦課程。

女兒同學的媽媽幫我介紹到她工作的大企業開設舒心繪畫社團，擔任指導老師每週授課。

文具商覺得可以請我們協助推廣他們的文具，因此固定合作開課或協助員工內部訓練。

國立科學教育館的人員與我聯絡能否開設科學與美學結合的課程，協調之後固定合作開課。

大學推廣部身心靈中心與我洽談後，依據需求開設心靈繪畫相關課程。

列出你的合作夥伴清單：

		名單
內部	原料供應商	
	協力廠商	
	其他專業人士	
外部	個人	
	廠商	

　　不論內部或外部合作夥伴往往是一邊經營一邊出現，和良好人脈的建立原則非常相似。剛開始微型創業通常是自己一個人單打獨鬥，建議多參加社團、舉辦活動、才有機會多認識新朋友（可參考 P.158）。同時再次強調，要求自己：

❶ 夠優秀，先做出成績，自然吸引優秀的人。

❷ 尊重專業、知人善任、懂得適才和授權。

❸ 真心誠意、願意互利共享。

❹ 高情商、好溝通、度量大，就會吸引人才。

　　尤其內部合作夥伴，在創業初期往往擔任很重要的角色，不論是實際的協助或心理的支持，如果真要有一個篩選機制，建議下列每一點都符合，寧缺勿濫。

❶ **目標清楚，格局大**：目標模糊或格局小的人通常只會拖累你。

❷ **理性與感性平衡的人**：太理性可能沒溫度，太感性可能沒效率，兩者要平衡才能一起前進。

❸ **願意為了不是份內事情，多付出時間精神的人**：沒有人喜歡跟計較的人共事合作。

❹ **各有專長特色，可以互補和討論出新點子**：這樣團隊才會不斷進步。

❺ **願意不斷進步**：願意不斷提升、精進，團隊才會成長。

❻ **自律、時間管理得當的人**：大家共事才會愉快。

❼ **財務穩健的人**：財務管理得當才不會拖累團隊。

重點整理

　　良好的合作夥伴讓你事業開展如有神助，慎選內外部合作夥伴，找到神隊友，不論是情感支持或實際能力發揮功效，都可以幫助我們事業發展順利又長遠。

什麼都能賣的銷售聖經

商品是為了解決問題而存在，一個品質再優異、功能再強大的商品或服務，如果沒有幫消費者解決問題、市場上也沒有需求，就沒有存在的價值，也就是說如果沒有被人買、沒人願意賣，它的存在就沒有意義；再好的點子、再好的人才，如果沒有人知道、沒有需求也不會產生市場價值，即使現今科技如此發達，AI 人工智慧取代了一些人們例行性的工作，但多數商品還是會透過「人為方式」賣出去或宣傳出去，「服務」類型的商品更是和「人」的關係匪淺。

在你的微型企業裡，自己往往就是代言人也是銷售人員。有銷售才有進帳，有進帳才可能獲利，所以你必須肩負起「銷售」的重責大任，讓你的微型企業在市場上生存，且創造出不被取代的價值。

身為銷售人員，你必須發自內心的知道並做到：

認同且喜愛
自己的
業務角色

熱愛並熟悉
你的產品

培養
長期客戶

讓客戶
喜歡你

問客戶
選擇題

介紹產品和服務時
清楚73855定律

肯定客戶
的選擇

鼓勵客戶
做決定

鼓勵客戶
問問題

001 認同且喜愛自己的業務角色
CLOUM

業務就像是客戶和商品間的橋梁，不管是真心為雙方搭起友誼橋梁的熱心媒人，或是真心關心客戶、用心了解客戶、期待客戶因為你的商品提升生活品質、透過你的服務提升心情品質，把利他雙贏擺在第一位等，只要清楚客戶因為我們的存在而受益的心態，那麼我們應該會很喜歡手中的銷售工作。

NG 行為	VS.	正確做法
不敢讓人家知道自己在賣東西、賣課程、賣服務。		有自信的告訴別人你提供的商品和服務，為人們解決了什麼問題、帶來的好處、在市場上的價值等。

002 熱愛並熟悉你的商品
CLOUM

你必須是自己公司的頂尖銷售人員（其實也只有你一個銷售人員），並展現你對自家商品的信任和喜愛，或是對自家服務的感動和熱愛，因為人們被熱情和信念所說服的程度往往遠遠超過理性知識，所以你就有機會影響別人也愛上這項商品和服務。

熟悉自家商品的功能與特性，清楚它們帶給使用者的好處或功效，且熟悉市場上的其他品牌，在銷售時強調自家品牌的特性和優勢而不要攻擊他牌。

讓商品或服務自然出現在你的生活中，如：你個人 Facebook 頁面，你有發現服飾店銷售人員常常穿自家衣服嗎？而且那款往往詢問度最高。如果你經營健康食品產業，自己就要健康又美麗才有說服力吧？如果是身心靈走向，為人處事通常要展現正能量吧？所以，自己往往是最佳銷售員，用自己的使用成效或經驗，往往最能說服人心，進而帶動買氣。

NG 行為		正確做法
賣 A 牌商品自己卻使用 B 牌同類商品。	vs.	自己是 A 牌商品的死忠粉絲。
賣 A 牌商品卻説不出 A 牌商品的功效和優點。		親自使用 A 牌商品,感受商品帶來的好處,試著具體描述使用的感覺。

003 CLOUM 讓客戶喜歡你,你要先喜歡自己!

當你在説話表達時,給別人的觀感只有 7% 取決於説話的內容(可能是商品的介紹),38% 是説話時的口氣、肢體語言等,然而有 55% 是取決於整個人由內而外散發出來,給人整體的感覺,這就是所謂的「七三八五五定律」。因此一個誠懇、充滿自信、正能量的業務人員,絕對是客戶樂於相處的對象。此外,人與人之間建立信任感十分重要,下列方式有助於建立信任感。

❶ 記住對方的名字、關心對方有興趣的事情、交談投其所好。

❷ 透過問與答的聊天方式,將焦點放在客戶身上,而不是你的商品或業績。

❸ 問跟客戶有關的問題,讓客戶聊自己並感覺自己受到重視。

❹ 善用「我們」作為句子開頭。

❺ 可預測性是避免壓力的好對策,讓對方知道會談大概要多久時間?要討論的主題是什麼等。

NG 行為		正確做法
不清楚對方的需求狀況卻一味的想推銷東西。	vs.	透過聊天、問答,知道客戶在意關心的事情及可能有的需求。
一直講自己想講的事情,忘記主角應該是對方。		引導討論的主題方向但讓對方發表想法和看法。

介紹商品和服務時

清楚前述「七三八五五定律」後,將溝通的重點先放在讓人信任、願意和你多交談,了解客戶的需求後,才介紹適合他的商品,過程中,多讓客戶有參與和體驗的機會,例如:

❶ 只提供客戶有興趣的商品和服務。

❷ 有些適合親自見證或提供名人使用心得分享。

❸ 讓客戶看到、摸到、試用和體驗該商品和服務。

❹ 用問句引導客戶表達正向感受。

❺ 用「你可以幫我……」讓客戶協助你完成小任務,例如:「你可以幫我打開……」、「你可以把照片傳給我嗎?這是我的 Line」。

❻ 運用五感(看到、聽到、摸起來、嚐起來、聞起來)的敘述句讓客戶感受商品,引導客戶想像使用商品後產生的滿足感、幸福感。

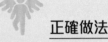

NG 行為	VS.	正確做法
只靠嘴巴介紹商品,客戶看到卻摸不到、或無法試用。		邀請客戶試用商品、聞味道、拿起來摸、實際使用等。

鼓勵客戶問問題

當客戶主動問問題,表示有興趣多了解,所以不要怕客戶問問題。從客戶問的問題中可以知道客戶在意的地方。會問價錢、保固、售後服務、折扣的人,一般在意 CP 值,所以要用讓他覺得物超所值的方式回答他。

006 CLOUM 問客戶選擇題

你也可以透過問客戶問題，了解客戶心中的理想商品，以提供更多適合客戶的選項。

但要注意的是，要問客戶選擇題而不是是非題，如：「你喜歡什麼色系？」而不是「你喜歡這個顏色嗎？」要提供選擇，以免因答案範圍太大而無法聚焦，所以使用二擇一法幫助聚焦，如：「通常您是平日方便，還是假日？」

 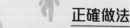

NG 行為

A：「你有要購買嗎？」
B：「沒有，隨意看看」

問「你什麼時候有空？」

VS.

正確做法

「您比較想要了解哪一個部分？我可以為您說明。」

A：「通常您是平日還是假日有空？」
B：「假日。」
A：「週六還是週日比較適合？」
B：「週日。」

007 CLOUM 鼓勵客戶做決定

人們喜歡自己做決定，所以我們要提供不同選項，但人們一般有猶豫的習慣，沒辦法當下決定，或是有選擇障礙等，因人在選擇時往往是理性的，但在決定購買的那瞬間往往是感性的，所以我們可以從之前的互動中思考他決定購買的原因。

客戶買單的原因：

❶ 喜歡你，或他喜歡的人也買了（所以知名品牌會找偶像代言商品）。

❷ 重視權威或保證（有公信力的單位認證）。

❸ 重視 CP 值（該商品真的很有價值）。

大家有類似的經驗嗎？喜歡某商品卻寧可到另一家店購買，可能只是因為你不太喜歡某位銷售人員。所以讓客戶喜歡你很重要，我也因此「撿到」不少新客戶。但如果是客戶推薦朋友向你購買，也比較容易成交，因為一般來說，互相欣賞對方比較能成為朋友，學員喜歡你，自然會介紹朋友一起來上課。

加上我陸續在教師進修團體開課，這無形中受到有公信力的單位肯定；或是新的健康食品有收錄在美國醫生桌上手冊 PDR、也有拿到國家健康食品認證，這種保證會讓客戶較為安心購買使用。

上完心靈藝術課程的朋友常常覺得很開心、有收穫，進而分享在 Facebook 上，也表示下次還想來上課；使用直銷商品的朋友也有感受到商品的功效，進而繼續購買。

008 CLOUM 肯定客戶的選擇

什麼是肯定客戶的選擇？就是尊重客戶的選擇，接受客戶給的答案。

一般有兩個面向，一是成交後，讓客戶肯定這次的成交是明智的選擇，除了關心使用狀況、售後服務做好之外，也可以讓他知道還有誰買了你的商品和服務，讓他知道「英雄所見略同」。另一個是這次雖然沒成交，但「買賣不成仁義在」、「留得青山在，不怕沒柴燒。」，不要讓朋友為難、有人情壓力，因人們在有壓力的情況下通常感覺不舒服，所以要讓對方了解，下次有機會、有需要再買就好。

009 CLOUM 培養長期客戶

單次購買不算真正成功的銷售，企業都希望培養忠實、深度的消費者。而如何培養長期的客戶？

❶ **良好的售後服務**：關心客戶使用商品的感覺或使用商品後的效果、提供客戶新用法、新資訊、關心客戶的日常、像老朋友一樣的互動。我會盡量

記得學員、客戶的個人資料，如星座、喜好、宗教等，連學員的家庭成員，工作型態或日常生活重心所在，我都會瞭解，讓我們就像老朋友一樣。

❷ **養成固定購買的循環**：因為真心關懷，就會知道客戶的使用情況，你們知道，賣米起家的經營之神王永慶先生，在經營米店生意時，都精確的紀錄客戶購買的時間和家庭人口數，大概推估客人米快吃完時，就將米送到對方家中。以我自己心靈療癒藝術課程為例，我也會讓學員習慣每週在固定時間來工作室紓壓、放鬆，讓參加我的課程的人，就像每週固定去健身房一樣的開心舒暢。

❸ **口碑相傳的介紹**：客人是一個人，客戶是一整戶人們，所以鼓勵你的客戶介紹親友給你認識，或鼓勵客戶幫忙轉貼、分享給可能有興趣的親友。

❹ **提高自己的附加價值**：如果你誠信善良、幽默風趣又熱心助人，客戶應該會把你當朋友；如果你博學多聞、多才多藝，客戶可能什麼都想跟你討論，你就像個顧問一樣；如果你待人成功、做事穩當、互利共享，應該人人都會想跟你合作；因此不斷提升自己的能力、學習精進專業的領域、認識優秀的朋友，都有助於提高自己的附加價值。

重點整理

　　雖然符合客戶需求的商品或服務，但依然需要一個懂得銷售的人將它交到客戶手中。了解銷售過程、掌握客戶心理、發自內心為客戶好、提供專業建議、解決客戶心中疑惑等，都是使銷售順利的眉角。

定價的秘密懶人包

了解客戶對商品的需求,才能定義商品的價值,也就是客戶願意花多少金錢來購買此商品或服務。

一般企業的定價策略是從「商品成本 + 營運成本 + 利潤」算出商品在市場上的定價。而同類型的商品在不同國家販售,可能會因國民所得和物價指數而在價位上有所差異;有些商品或服務在市場上可能有所謂的公定價。

一個商品的推出也可能會因它的生命週期而有不同的市場供需,並產生波動的價格,例如剛開始推廣為了打開知名度而採取薄利多銷的策略;當供不應求時可能「物以稀為貴」;市場成熟期時有可能出現削價競爭的狀況。

001 CLOUM 影響定價的因素

我們可以從下列角度思考,影響價格的因素有那些?

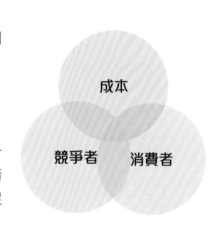

❶ Cost（成本）

價格的形成一般必須符合成本原則,價格應該高於成本,否則變成賣一個賠一個的狀況。但若是有其他的策略考量,情況又不一樣,例如:為了打開知名度的促銷策略。

❷ Competitor （競爭者）

價格符合成本的要求之後,還須視競爭者的價格來調整。如果是獨家或寡佔,那麼成為價格領導者又是另一種情況。

❸ Consumer（消費者）

最後還要看消費者是否接受這個價格,基本上價格如果是在消費者認知的價值之內,消費者才會覺得有價值或物超所值。

現今市場競爭激烈，快速多變，所以我們也必須從客戶的心理感受為出發點來看待定價。適當的定價策略像魔術師一樣，讓消費者能心甘情願的掏錢出來。所以，我們先來認識一下傳統商業市場（尤其是實體店鋪）上常用五大定價秘技。

❶ **數字魔法：**

你有發現市售商品常標價 999 元、2980 元這種數字嗎？你會不會覺得疑惑？為什麼 999 元不直接標 1000 元，找 1 元多麻煩啊？這是一個有趣的心理遊戲，未滿一千元、不到三千元，人的心理會覺得便宜。也許你可以試著回想一下你買的東西的價錢尾數。

▲最右邊的定價感覺很優惠

❷ **高價定錨：**

如果同時販賣許多商品，有時候推出超級尊榮、貴到離譜的品項，你是否覺得疑惑？其實高價品項的存在目的往往不在銷售，而是為了提高你的參考點基準，讓原價商品彷彿變成特價。高價商品擁有價格定錨作用，讓價目表上的其他品項變得便宜親民。例如：超級特製牛肉三明治 239 元，招牌牛肉三明治 99 元，你就覺得 99 元的價錢可以接受。

❸ **紅色搶眼**

為什麼商場常用紅色商標？因為人類視覺第一秒看到的是顏色畫面（文字屬於理性則須較長時間）、紅色的波長最長且十分搶眼，直接吸引我們的注意力。根據色彩心理學，紅色減價標語比其他顏色更能吸引我們注意力、也更能刺激我們的購買欲。

❹ 資訊提示

研究一再證明，資訊提示對消費者的購物決策有莫大影響力。「早鳥優惠價」促使消費者早點決定消費；「特價」字眼讓消費者覺得價錢調降（不論實際真實情況）；「限量發行」和「季節限定」、「售完為止」等標語也讓客戶採取搶先購買的行動，以免心理產生錯過的遺憾。

❺ 三欄式定價

同類商品有低中高三種價錢（品質差異可能只有些微），這是另一種定價訂定的方法：先將目標品項設定在中價位，然後在兩邊放上低價位和高價位的類似商品，務必使目標品項顯得「跟貴的比，感覺比較便宜」（客戶的心理）、而且「跟低價的比、品質又比較好」（客戶的心理）。在最低價與最高價的包夾下，客戶就會被導向選擇中間價位商品，也就是當初設定的目標品項。

❻ 降低花錢感的小心機

當客戶沒有拿出現金出來付款時，真的比較沒有掏腰包花錢的感覺，因此使用信用卡和線上支付之類的付費工具，會讓客戶比較有意願買單。

觀察一下，實體賣場往往也把「元」字縮小哦！所以你也可以想想報價時可以怎麼操作。

---

003 CLOUM 適合你的定價策略

了解完上面的定價方法，如果你是該領域的新人，建議你可以盡快提升知名度，擴大市場占有率（但搶攻市場時須小心同業攻擊），除了可以透過和有名氣的單位合作外，也可以透過促銷活動等方式提升知名度，因此創業初期不求短期獲利最大，但你必須自己心甘情願的接受創業初期時的所有付出，同時設定自己能接受的價錢、耕耘的期限和收支平衡時間表。

我有一次和一位創業接案的朋友聊天，我們討論到什麼樣的案子不要接，答案是：當「心委屈」和「錢太少」兩者同時成立，就建議不要接受。每個人心中對於「心委屈」和「錢太少」的標準不同，大家可以依自己的標準評估。

此外，參考市場上同業的定價，勇敢界定目標客群能接受的合理價格，因為唯有你看重自己的價值、創造高價值，客戶才可能付出相對應的高價格。

NG 行為	vs.	正確做法
以低價策略吸引客戶。因為吸引來的人是看價錢而不是看重你商品或服務價值的人，那麼可能吸引來的族群不是你剛開始設定的族群。		訂定符合市場行情、合理的中價位，又提供比公定價更方便或優質的服務或是更多的附加價值以吸引客戶，既能維持市場的行情又具有競爭力。

安琪捏給你們的悄悄話

心靈繪畫創業初期，每週撥出早上半個小時，到固定班級擔任晨光義工，教授禪繞畫，深得老師學員喜歡並產生擴散效應，讓他們願意做宣傳。

之後陸續開始有課程邀約，校園團體邀約皆以校園推廣優惠價，以減輕邀課老師的負擔或盡量符合邀課單位的預算。

慢慢打開知名度之後，私人約課通常以家教方式或小班精緻為訴求訂定收費標準；如果是演講式課程，告知邀課單位自己的鐘點是以公部門辦活動、邀請專業講師的鐘點作為參考依據，相關材料費可視課程內容再按人頭收取。

有公益或回饋社會考量的課程可以免費，但若遇到堅持殺價、不合理壓低講師費用者，我個人會婉轉拒絕，堅守原則。

　　觀察許多產業，你會發現，同樣功能的東西姑且不論材質，例如女用皮包，夜市一個 100 元、百貨公司可能賣 2000 元、國際名牌可以賣到 2 萬元，都有他們的消費族群。

　　還有同一家保養品公司，可能針對不同年齡和消費力族群，推出不同的商品線，因為他們都在「養客戶」。所以針對不同的族群和消費能力，也要發展出三階段的定價策略，才能走得長遠。

款式	價位	目的	客戶量
入門款	超親民。	為吸引客人的入門商品；是敲門磚的概念。	薄利多銷。
中間款	中間價格。	升級、更完整優質的商品。	其實是你最大宗的客戶。
頂級優選	高價格。	成為死忠客戶。	在精不在多。

重點整理

　　了解定價策略，依照你的商品和服務特性，訂定一個可以呼應你的商品和服務特性價值的價格。

拓展

開拓市場、
客戶經營的成功關鍵

EXPAND:

The key to success in developing
markets and customer operations

拓展
EXPAND

創業初期，身邊的親朋好友總會熱情提供支持鼓勵，但我們要看的是更廣大的消費市場和客戶，他們也等著我們提供商品和服務。所以要透過網路行銷、Facebook 經營和實體活動等曝光方式，讓我們微型創業版圖擴展更大，讓客戶變鐵粉吧！

4-1 section 點石成金魔法棒：善用網路行銷

網路社群媒體的發達，讓人人都擁有可以自由發聲的平台，稱為自媒體，有別於傳統行銷必須透過大筆金額刊登廣告在電視、報紙、雜誌等媒體。

目前全球網路社群平台的會員人數大約如下：

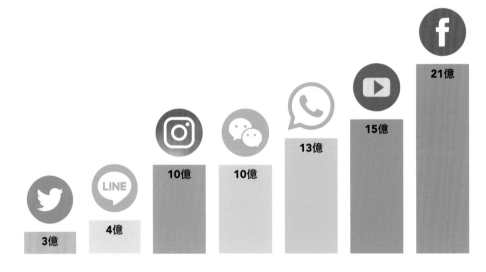

網路平台介紹

網路平台	優劣勢	擴及效應	客群	所需能力	建議經營重點
Facebook 粉絲專頁	1. 普及化最高。 2. 有宣傳效果。	快	20～60歲	1. 人際連結。 2. 經營技巧。	傳達品牌定位。
部落格	增加搜尋引擎。	慢		1. 文字撰寫。 2. 邏輯能力。	傳達品牌定位。
Line@	1. 整理散客名單。 2. 快速且統一發送通知。 3. 更快速直接與客戶互動。	慢		1. 整合不同平台能力。 2. 聊天溝通。	即時互動。 經營客戶關係。
YouTube	豐富的視覺與聽覺，動態影片更吸引人。	慢	20～40歲	1. 挑選錄製主題。 2. 影片剪輯能力。	提高知名度。 開發客群。
Instagram	對於照片及作品有能優化能力者十分有利。	快	20～30歲 不同國籍	1. 視覺美感。 2. 照片優化能力。	提高知名度。 開發客群。
We chat	不同地區族群。	慢	中國族群	人際連結能力。	即時互動。 經營客戶關係。

002 CLOUM 善用自媒體，並活用在品牌行銷

在運用自媒體前，可先掌握下列原則，就更能活用這些網路自媒體的優勢。

❶ 引起注意：貼文或分享要夠吸引人，才能引起大家的注意和互動。可以透過有趣好笑、有利可圖的貼文，或提供任何對方有興趣的話題，或是給予情感支持等，藉由和人們產生互動及連結，慢慢建立起粉絲。

有趣好笑	笑話、漫畫、影片。
有利可圖	1. 完成簡單任務：例如分享、留言、tag 朋友後可以參加抽獎。 2. 提供對方想要的資訊。 3. 分享免費貼圖。
共同興趣 同好討論	1. 食、衣、住、行、育、樂各類主題。 2. 從星座到美食餐廳、旅遊、文青。
情感支持	生日祝福、分享勵志好文、溫馨小語。
專業知識	與自身專業領域有關的知識。

❷ **多和其他人進行有禮貌的互動**：經對方同意後分享、留下善意的回覆、謝謝別人分享有趣的圖文、回答別人問題、稱讚別人的想法或做法、讚美別人的作品等。

❸ **維持良好關係**：尊重別人的言論或圖文創作、不批評、不攻擊。

❹ 清楚不同自媒體間使用上的差異，以免投入錯誤的行銷成本。

❺ 網紅型的粉絲按讚數是門面，也代表另一種身價（代言費），所以互動是經營要項，發文的分享、留言回應和讚數都要顧及。

❻ 導購型則著重在粉絲的組成，而這類型的粉絲就是消費者和宣傳者，所以發文的重點是在引發實際購買行為、宣傳分享、印證肯定客戶的選擇。

重點整理

　　了解不同網路平台的特性，同時掌握自媒體使用的原則，就可讓數位科技和自媒體成為你的微型創業好幫手。

4-2 非試不可、Facebook 經營
section

　　善用 Facebook 可以讓你的微型創業如虎添翼，因為 Facebook 可運用個人頁面、粉絲專頁，或社團等不同功能，讓品牌經營有不同的面向，以下簡單說明如下。

001 Facebook 個人頁面、粉絲專頁和社團的差異
COLUM

　　Facebook 使用前必須先申請個人帳號，才能以個人帳號的身分申請建立粉絲專頁或社團，全球有 21 億人有 Facebook 帳號，而 Facebook 的演算法也不停的調整，讓結果更符合時下趨勢，而目前基本上的差異大致如下：

	個人頁面	粉絲專頁	社團
公開性	可以手動設定： ·公開。 ·好友。 ·限定。	·人人都可以看到。 ·可以設黑名單。	分為： ·私密社團。 ·不公開社團。 ·公開社團。
互動方式	加朋友後成為朋友。	按讚、追蹤。	加入社團成為成員。
主動觸及率	高。	·較低、須設為搶先看。 ·須花費廣告（贊助）。	Facebook 會主動發通知給社團內成員。
資料儲存方式	·可開相簿。 ·貼文流水帳式。	·文章可置頂。 ·可開相簿。 ·貼文流水帳式。	·有公告。 ·可開相簿。 ·貼文流水帳式。 ·可儲存文件檔案。
買廣告贊助	無此功能。	可以。	無此功能。
洞察報告	無此功能。	可以分析。	無此功能。
相同處	可辦活動。		
差異性	·私人生活資訊。 ·貼文無法排程。	·可以多人共同管理。 ·貼文可以排程。 ·粉絲間不一定有互動。	·可多人共同管理。 ·較多群體討論、互動及個人隱私資訊。 ·成員間互動性高。

下載 Facebook APP 和建立活動

　　為自己的粉絲專頁取一個和你的營業項目相關、好記、好輸入的名字。可先邀請個人專頁上的眾親朋好友先為你按讚，或是傳 Line 給親友，請大家支持，到外面演講或辦活動時，也會請與會者留言和分享。

▲下載手機版專頁小助手 APP　　▲透過粉絲專頁建立活動，可掌握參加人數。

002 粉絲專頁洞察報告
CLOUM

　　透過粉絲專頁洞察報告可以瞭解哪些貼文對用戶具有吸引力，在充分剖析整體情況後，可判斷粉絲專頁上哪些內容最能引起用戶共鳴。報告上的資料有助培養粉絲群，吸引更多用戶透過 Facebook 粉絲專頁與你互動、擴大粉絲群並提升互動的熱烈程度。

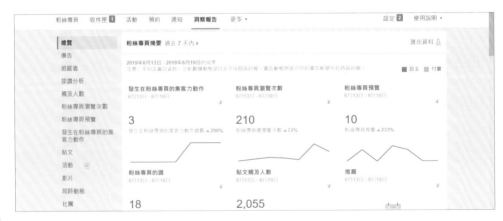

洞察報告的資料包括：

❶ 觸及人數

每篇貼文都有顯示觸及人數，包括多少人瀏覽、按讚、留言或分享的總人數，可以幫助粉絲專頁經營者了解哪一類型的貼文較吸引人，可以多建立類似的貼文來取得較高的關注。

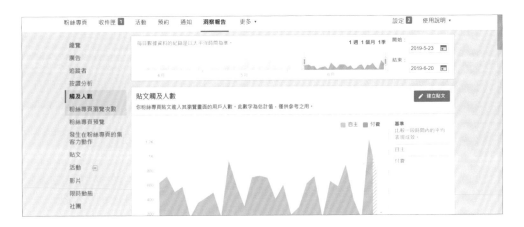

❷ 在粉絲專頁上的集客力動作

了解粉絲在該篇貼文上是否採取你期望的行動，例如：留言回答或分享，點擊你分享的網站等，了解粉絲是否採取你期望的動作，也有助於粉絲專頁經營者調整貼文內容來吸引 Facebook 用戶。

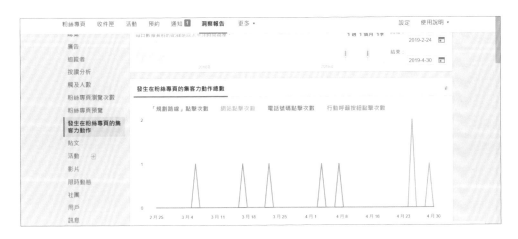

❸ 用戶屬性習慣

　　由於 Facebook 的演算法是根據貼文後的兩小時內用戶的反應來判斷該文章是否吸引人，所以掌握粉絲的屬性特質，包括性別、年齡等，就可以撰寫該族群較有興趣的文章，進而了解瀏覽粉專的巔峰時間，以掌握貼文的時機。

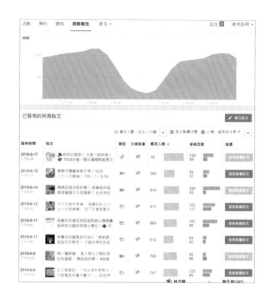

❹ 粉絲專頁瀏覽次數

　　這個項目相較先前的觸及人數更深入分析，主要了解瀏覽粉絲專頁人數和他們瀏覽哪些部分，可以更深入的取得彙總資料，並在刊登廣告時鎖定不同的族群受眾，或按照他們的興趣提供專屬內容。

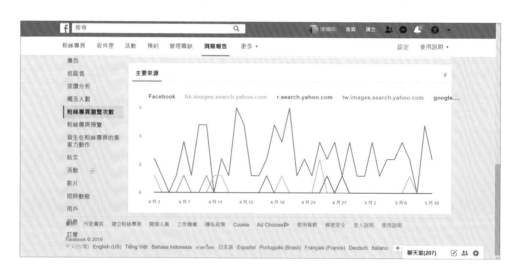

❺ 貼文成效

可以設定某段期間範圍並深入了解，以及分析期間各篇貼文的反應和效果如何。

❻ 看到貼文下方標註「贊助」，即為付費提高曝光或觸及率的廣告。

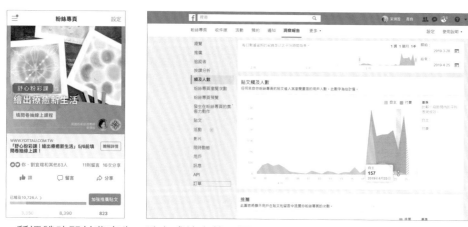

▲所謂贊助即付費廣告，貼文成效自然不同

我將個人粉絲專頁操作實務整理如下，供大家參考，盡信書不如無書，大家還是要依據自己的產業類型和生活實際的情況搭配操作和經營。

五個 W、一個 H

說明	注意事項（安琪拉的分享）	填入你的想法和答案
Why 為什麼選擇 Facebook 粉絲專頁（或其他自媒體）	Facebook 的帳號與粉絲專頁申請較容易，目前會員人數眾多且多是社會人士，所以較有消費能力和自主時間，因此選擇 Facebook 為主要自媒體。	因為： 我選擇＿＿＿作為我的自媒體
What 粉絲專頁名稱	粉絲專頁名稱要有特色、跟你有連結且輸入容易。 Q：下列NG粉絲專頁名哪裡不OK。 　1. Angela 的禪繞世界 　2. 安琪拉の和諧粉彩 解答 1. Angela 看似不難，但不是每個人都會英文拼音。 2. 一般大眾的鍵盤上輸入法不會有日文の。 安琪拉粉絲專頁名 1. 安琪拉樂藝工作室 2. 和諧粉藝天堂	我的粉絲專頁取名： 因為：
What 關鍵字 #	和你的商品與服務有關，讓網民可以找到你。 我常用禪繞畫、放鬆、紓壓、舒心、禪繞課程、療癒藝術、靜心、CZT 等關鍵字，讓有興趣的人可以快速搜尋。	你的商品或服務是：

說明	注意事項（安琪拉的分享）	填入你的想法和答案
What 貼文內容	1. 有趣、吸引人的貼文，而一般較吸引人的順序是： ❶ 自製影片　❷ 照片　❸ 文字 2. 鼓勵留言（邀請回答問題、辦摸彩等）。 3. 除了與販售的商品和服務相關的資訊之外，可以穿插感性的內容。 4. 分享的連結須是 Facebook 的頁面，否則觸及率會下降，比如 YouTube 和 Facebook 間是彼此競爭的。 5. 建立活動或課程時提供清楚的照片、時間、地點、費用，讓有興趣的人可以參考。 6. Facebook 判斷臉友們對文章的興趣是用互動率（含分享、留言、按讚等功能）來演算是否引起廣大迴響，判斷高低以分享＞留言＞按讚，所以版主或小編可鼓勵粉絲分享和留言。	你可以 □ 自製影片 □ 搜集有趣的圖片 □ 可以寫什麼感性主題 □ 設計題目邀請回答 □ 設計摸彩活動
When PO 文時機	根據調查，上午通勤 7～9 點、午休等待用餐 12：00 及晚上 9～11 點是大家最常滑手機、登入 Facebook 的高峰。根據 Facebook 演算法，一開始發文的一兩個小時，反應越熱烈則被 Facebook 演算法解讀為很多人有興趣，才有機會觸及更多人。所以請在高峰時間發文，以免文沉 Facebook 海。	從洞察分析中找出粉絲瀏覽你粉絲專頁的高峰期。

說明	注意事項（安琪拉的分享）	填入你的想法和答案
When PO 文時機	✕ NG：半夜靈感豐富或失眠發文，給誰看？ ◯ 正確：可以善用排程。 ▲ 文章寫完按發佈 ▲ 選擇發布日期和時間	□ 從洞察中分析找出較多粉絲瀏覽你粉絲專頁的時間。
When PO 文頻率	每天一篇即可，因為一天太多篇，粉絲可能會覺得被疲勞轟炸，甚至有可能會取消追蹤。	□ 檢查你的貼文頻率。
1. 粉絲是誰？ 2. 合作夥伴 3 潛在客戶是誰？	1. 先從家人、同學、親朋好友邀請進入，之後認識新朋友時都要記得邀請按讚。 2. 記得標註合作夥伴，增加曝光機會，互相串流像織起一張網。 3. 可詢求粉絲同意 Tag（標註）他，在他 Facebook 上的朋友也會看到，可增加曝光率。	□ 邀請所有親朋好友按讚。

說明	注意事項（安琪拉的分享）	填入你的想法和答案
Where **真實地點舉辦** **活動等都可以** **打卡**	打卡有擴散的宣傳效果。	□ 學會活動打卡
How **重要眉角細節**	1. Facebook 演算法特別注重發文後一到兩小時的臉友回應，分享和留言數越多，表示回應熱烈，主動觸及率越高，所以請發 Line 群分享連結給親朋好友，讓他們衝觸及率。 2. 有人公開留言或私訊時，都要盡快友善回應，必要時直接以電話溝通，以免錯失機會。 3. 可以從洞察報告中，分析粉絲上網時間和吸引的族群，能看清楚潛在的消費者輪廓。 4. 透過遊戲或抽獎等小活動可以鼓勵大家分享、留言或 Tag 好朋友。 5. 建立活動時可以邀請共同主辦人，能觸及更多人。 6. 有活動時，可私訊請朋友幫忙分享、按讚或選擇有興趣，這些動作都會出現在對方的頁面中，讓對方的好友可以看到，可增加曝光率。 7. 累積粉絲到一定程度時，可以針對特定主題開吸睛的直播。 8. 開設實體課程或辦活動時邀請新朋友到粉絲專頁上按讚，邀請新學員下課後到粉絲專頁評論處給正面評價。	你可以怎麼做 1. 粉絲專頁發文後： 2. 有留言或私訊時： 3. 從洞察報告上發現我的粉絲專頁上最多人瀏覽的時間是： 4. 研究同類型的粉絲專頁辦什麼抽獎，選一天操作看看。 5. 學會用粉絲專頁建立活動並邀請共同主辦人。 6. 朋友開活動你可以先按有興趣，幫忙分享。 7. 試錄一個短時間的直播。 8. 找到粉絲專頁寫評論處，請好朋友幫忙寫，可增加新客的好感度。

建立 Facebook 社團

　　社團成立的目的通常有一個特定的主題，這群人可能是興趣同好，或是擁有類似身分、有相同的需求，所以他們在社團內分享相關知識，或進行經驗交流。

　　社團是以「價值交換」為前提，並不是以賺錢為目的，通常是對同一主題有興趣的人交流資訊的園地，而當社團內有發文或回應時，通常 Facebook 會主動通知社員，這是和粉絲專頁最大的差異，因為如果你的粉絲專頁人氣不是特別高，發布的內容又不屬於粉絲會與你有高度互動或是涉入的內容，也沒被粉絲設為「搶先看」、或下廣告，那麼粉絲專頁的涉入程度勢必會比社團低，因為使用者是被動在接收資訊的。

　　經營社團需要具備對該領域和人們有相當的熱忱，須思考：

❶ 成立社團的目的：＿＿＿＿＿＿＿＿＿＿＿＿＿＿＿＿＿＿＿＿＿

❷ 你和成員彼此間能夠提供什麼樣的內容價值：＿＿＿＿＿＿＿＿＿

❸ 依據上述概念取你的社團名稱：＿＿＿＿＿＿＿＿＿＿＿＿＿＿

	公開	不公開	私密
誰可以加入？	任何人皆可以加入或由成員新增或邀請加入	任何人皆可以要求加入，或由成員新增或邀請加入	任何人，但必須經由成員新增或邀請
誰可以看見社團名稱？	任何人	任何人	目前的成員與之前的成員
誰可以看見社團成員？	任何人	任何人	僅限目前的成員
誰可以看見社團簡介？	任何人	任何人	目前的成員與之前的成員
誰可以看見社團標籤？	任何人	任何人	目前的成員與之前的成員
誰可以看見社團地點？	任何人	任何人	目前的成員與之前的成員
誰可以看見社團成員的貼文？	任何人	僅限目前的成員	僅限目前的成員
誰可以在搜尋中看到社團？	任何人	任何人	目前的成員與之前的成員
誰可以在 Facebook 上（例如動態消息或搜尋）看到社團動態？	任何人	僅限目前的成員	僅限目前的成員

▲社團隱私設定。

▲挑選社團類型編輯社團封面照片、
　公告、邀請成員等個人化處理。

▲未來想更改社團的名稱、類型、簡介，在
　「編輯社團設定」中，都可以再更改。

安琪拉給你們的悄悄話

- 成立「**安琪拉 CZT 禪繞教學分享會（限 CZT）**」（**不公開社團**）：讓禪繞認證教師進行教學資訊交流分享。

- 成立「**神美和諧粉彩作品分享團**」（**公開社團**）：讓粉彩同好有一個分享作品的空間。

- 成立「**神隊友秘密資料庫**」（**私密社團**）：團隊成員專用資料庫。

❹ 社團成員組成

　　成立社團必須邀請有共同興趣、共同目標的成員加入（同質性高），除了管理員（開社團的人）和版主（通常是管理員的幫手，協助管理社團的人），應該要邀請願意熱情交流互動、產出（貼文、留言回應等）豐富的人加入，而如果有該領域的專家或是意見領袖加入，也會吸引更多人願意加入這個社團。以我自己成立的「安琪拉 CZT 禪繞教學分享會（限 CZT）」為例，如下圖示：

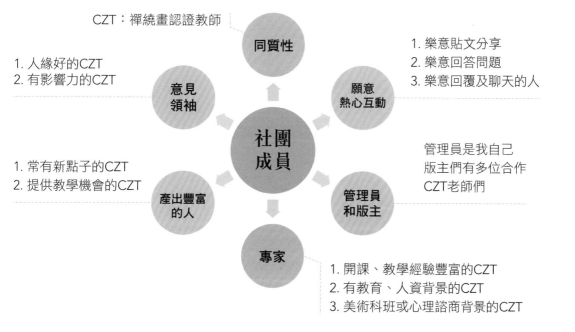

CZT：禪繞畫認證教師

1. 樂意貼文分享
2. 樂意回答問題
3. 樂意回覆及聊天的人

1. 人緣好的CZT
2. 有影響力的CZT

1. 常有新點子的CZT
2. 提供教學機會的CZT

管理員是我自己
版主們有多位合作
CZT老師們

1. 開課、教學經驗豐富的CZT
2. 有教育、人資背景的CZT
3. 美術科班或心理諮商背景的CZT

同質性

意見領袖

願意熱心互動

社團成員

產出豐富的人

管理員和版主

專家

❺ 增加互動就能增加成員加入意願

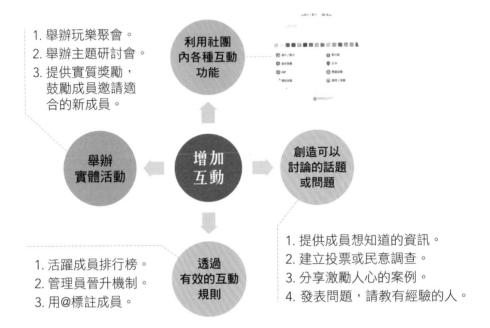

1. 舉辦玩樂聚會。
2. 舉辦主題研討會。
3. 提供實質獎勵，鼓勵成員邀請適合的新成員。

利用社團內各種互動功能

舉辦實體活動

增加互動

創造可以討論的話題或問題

透過有效的互動規則

1. 活躍成員排行榜。
2. 管理員晉升機制。
3. 用@標註成員。

1. 提供成員想知道的資訊。
2. 建立投票或民意調查。
3. 分享激勵人心的案例。
4. 發表問題，請教有經驗的人。

安琪輕鬆你們的悄悄話

▲ 版規　　　　　▲ 有興趣的文章

Facebook 社團的經營，重點在氣氛的活絡和增加互動，所以在建立社團時要有清楚的版規，讓新加入的成員可以先理解社團文化；或是張貼會員有興趣的文章、舉辦會員有興趣的投票等，增加成員間的互動，提高黏著度，讓彼此間的連結能更緊密。

線上投票活動或線下實體課程或聚會，非常符合行銷 4.0 的情況。

▲ 實體聚會（禪繞畫聚）　　▲ 投票活動

重點整理

　　Facebook 是全球最大的社群媒體，多數的台灣人都有 Facebook 帳號，因此透過 Facebook 粉絲專頁經營讓你有機會被搜尋到和被看到、社團經營讓你有機會凝聚目標客戶、花錢買廣告讓你可能有機會直達消費者的眼前，應該花時間精神好好弄懂 Facebook 並認真經營。

4-4
section 朋友讓世界更開闊——從陌生人變朋友

　　基於陌生市場絕對遠大於緣故市場，再者變成朋友之前，本來就是陌生人，加上現在大家很容易在網路、社團裡就交起朋友了，因此我們可以來分享及探討，如何從陌生人變成朋友。

Q 為什麼要認識陌生人？

A 因為不管你要賣商品或服務都是賣給人，所以認識的人越多，就可以增加見識；相對的，當自身的談吐水平往上提升，得到的機會越多，客戶也會越多。我想，應該不會有人只想把商品或服務賣給親戚朋友吧？若想要讓自己的口袋變深，陌生市場，是全世界最大的市場！

Q 認識陌生人的好處？

A 我把認識陌生人當作一個認識新朋友的機會和冒險，也把這個機會當作更認識自己的價值觀與舒適圈的界線，除了可以測試自己的親和力、表達溝通能力外，也能測試自己的影響力與臨場反應。

Q 與陌生人接觸後，應該變朋友還是變客戶？

A 變客戶是純商業行為，變朋友是雙贏互利的商業行為，成功的人喜歡跟朋友做生意，成功的人可以把客戶變朋友，所以我會希望與陌生人接觸後有機會變成朋友。

001 如何認識新朋友
CLOUM

　　認識新朋友的方式很多種，而在我們日常生活中，有很多與他人互動的場合，但要如何練到在各種場合都可以保持自然且誠懇的態度交談？這必須從平常就開始練習，要讓身邊的人知道你的為人處事、樂於分享、助人也樂於認識新朋友的人，進而拓展自己的人際圈，甚至吸引優秀的人也想認識你。

　　認識新朋友的第一步，讓自己先成為「吸引好人好事」發生、值得交往的人。

你相信吸引力法則嗎？物以類聚，人以群分，花若盛開，蝴蝶自來。自己先當一個「有情、有義」；「有用、好笑」；「友直、友諒、友多聞」的人，自然會吸引好人好事發生。

❶ **有情有義**：待人誠懇用心，為人厚道，心地善良有愛，處事合情合理，有自己的原則又保有彈性圓滑，別人與你相處時感到可靠、溫暖、放心。

❷ **有用**：你能帶給旁人實用的價值，也許是腦袋有料、言之有物、有用的點子很多；也許是提供許多資訊來源、提供他人需要的服務等，總之就是，找你問題有解，找你辦事牢靠。

❸ **好笑**：你幽默風趣，能帶給別人愉快的心情，有你在的地方，總是充滿笑聲，氣氛歡樂。

❹ **友直**：做一個真誠、坦白、正直、注重道義的人。

❺ **友諒**：你誠信寬厚、能體諒他人、設身處地為人著想、有度量、能包容且尊重彼此差異，自然會吸引人。

❻ **友多聞**：你的學識淵博或見多識廣，和你交流能激發新的靈感，或是打開眼界，放大格局，自然能吸引人。

002 CLOUM　從日常生活中開始練習交朋友

回想一下自己小時候是怎麼認識新朋友的？好像不難，就是去上學認識了同學、去公園認識了玩伴吧！那個時候，就是一個微笑或是開口說話問他名字就變朋友了；或是一起玩遊戲時就自然的認識了，甚至打打鬧鬧過後，就約好下次再一起出來玩，回想起小時候自然不做作，那顆單純想成為朋友的心，就會發現「交朋友」，其實沒想像中難。

所以交朋友的第一步，首先你要帶著開放的心，走出去！不管是在網路上或真實生活中開始實踐，我們要將「認識新朋友」這件事當成是日常生活

的一部分。你會發現,認識新朋友的機會很多,只要在自己原來的生活習慣層面上加一點巧思,就可以自己創造。

網路上

❶ Facebook 中加入有興趣的社團,成員間彼此留言,不管是交流或鼓勵,自然就能慢慢認識。

❷ 在 Facebook 設立粉絲專頁或社團,貼文的內容要夠吸引人,有人留言要回覆;私訊洽詢商品或服務時,盡量有禮貌的取得直接連絡的溝通方式,並在對方方便的時間以電話溝通。

❸ 在 Instagram 按別人讚、追蹤關注。

朋友邀約

❶ 朋友邀請參加活動,可以視自身情況參加。

❷ 朋友介紹認識新朋友時,要換 Line 和加 Facebook 好友。

❸ 舊同事、老同學彼此關懷時,也可能會有很多機會可以運用。

定期進修

參加課程、定期聽演講,就有機會認識新同學。

參加活動

參加校友會、親師座談會、校慶園遊會等活動。

參加社團

參加志工組織、同好性質社團聚會。

自辦活動

市集設攤、與企業接洽、協助弱勢團體等。

主動請朋友介紹

❶ 跟朋友說你在進行的新事業，請他介紹可能有興趣的朋友或是公司單位，有沒有可能需要這類商品或服務。

❷ 請朋友介紹福委會或人資單位窗口，或洽詢舉辦員工福利社團的可能。

上述的方法，都有機會面對面認識新朋友，所以請記得隨身攜帶名片，並具備能在 1 分鐘內流暢的介紹自己和自己經營事業的能力，並能拿出商品或視覺化實體的簡介，在交談後，主動跟新朋友合照，交換電話和 Line，之後與認識的新朋友保持聯絡，學會當一個別人會樂意繼續認識和交往的朋友，並適時關心對方、建立友情。

重點整理

自己要先成為值得被交朋友的人，並在平常就帶著開放的心、善意的和人們互動交往，當有機會認識新朋友時，多一份主動、關心，就能與朋友維持良好的互動關係。

4-5

section **相揪一起——來辦活動吧**

　　辦活動是行銷宣傳重要的一環，各企業舉辦記者會、新商品發表會、開幕活動、參加展覽等，目的都是在吸引人潮和市場的注意力、引發話題性以宣傳並增加知名度、吸引目標客戶的注意力，甚至直接接觸目標客戶。而傳統企業辦活動往往耗費大筆資金，但在小眾市場的盛行下，微型創業也可以透過各種合作或異業結盟的方式舉辦。

　　如果有機會與企業或社團組織合作，一定要好好把握，因該組織單位的名聲也會為你的微型企業做了某種程度的肯定。一般大眾可能不認識你，但卻知道和你合作的這家企業或公司，也會相信你的商品或服務有一定水準品質，才能和知名企業合作，這是一種光暈效果。

001

CLOUM **接洽活動的原則**

　　與他人接洽或舉辦活動有很多細節，建議掌握下列原則，讓事情進行的更順利。

❶ 態度正確，主動積極但不讓對方感到壓力，買賣不成仁義在。

❷ 掌握 Case 進行狀況，有或沒有都要以平常心面對，這次沒成功下次還有機會。

❸ 博得接洽窗口和決策者的信任和好感，要有對方公司電話、手機、E-Mail等連繫方式。

❹ 清楚自己的價碼和原則，讓客戶覺得物超所值，而非削價競爭。

❺ 運用各種宣傳手法和人脈關係，讓別人知道有需要可以找你。

❻ 仔細詢問活動的相關事宜，人事、場地、設備、租金等相關費用，以及場地和現場提供的設備，到最後收款、分潤等細節都要詳細詢問和溝通，以免之後產生非必要的狀況。

洽談流程參考

①　創業之初（或市集場合），主動出擊

　　安老師問：「我是心靈繪畫老師，推廣大眾紓壓藝術。請問您知道禪繞畫嗎？（遞上作品和名片）您看，這是我的作品。」◂ 引起注意

　　對方答：「好特別哦，會很難嗎？」

　　安老師答：「這是一次一筆畫人人都可以學會的平民藝術哦，而且老師會教。」

　　接著繼續笑咪咪回答：「我的工作室在東區，也可以到外面教學，這是我的粉絲專頁，你可以幫我按讚嗎？」◂ 當面邀約按讚通常會成功

　　「有興趣可以自組班或你們公司有員工福利社團嗎？有機會再幫我介紹哦！」◂ 撒下種子、不會馬上收成很正常，保持聯絡

　　（如果是市集上、課堂上的新朋友）「我們可以合照嗎？交換一下Line？我把照片寄給您、還有放在我的粉絲專頁。」◂ 取得聯絡方式

　　（如果是舊識但沒什麼特別交情）先聊天關心對方，拉近彼此距離之後，通常對方也會關心你，再趁機請他到粉絲專頁按讚，並請他介紹可能有興趣的朋友或單位（如果是有交情的親友，直接邀請參加活動或請他介紹公司福委會）。◂ 撒下種子、不會馬上收成很正常，保持聯絡

②　有點名氣後，有人在粉絲專頁或網站私訊洽詢

　　對方問：想請問老師課程（事宜）費用？

　　安老師：您好，請問您是指粉彩課程嗎？是體驗課還是認證課（通常粉絲專頁上已經有課表，但還是很多人會問）？◂ 確認了解對方資訊，以及要上什麼課或辦什麼活動

　　個人上課還是企業單位邀課？（目前為止機率一半一半，所以先全面了解對方需求）◂ 瞭解參加課程人數、上課地點等資訊

- 情況 A（私訊）

對方答：我自己上課，可能約朋友一起。

安老師答：歡迎你哦，我們單堂 800 元含材料和場地費，兩人同行有優惠價是 1500 元，地點靠近忠孝敦化捷運站，目前每週三上午 10 點到 12 點有固定開設體驗課，您這時間方便嗎？ 告知上課時間與上課地點、費用和優惠

對方答：有別的時間嗎？

安老師問：請問您希望上課的時間是平日還假日？ 運用二擇一方式聚焦對方可以上課的時間

對方答：假日

安老師問：請問您假日是指週六還是週日？上午、下午還是晚上？ 提出您自己也可以的時段供選擇

對方答：＿＿＿＿＿＿＿＿＿＿＿＿＿＿＿＿＿＿＿＿＿＿＿

安老師問：那麼有下面三個日期時間您方便嗎？（避開家庭聚會節日，例如母親節）4 月 28 日週日上午？ 5 月 5 日週日上午？下午？

對方答：＿＿＿＿＿＿＿＿＿＿＿＿＿＿＿＿＿＿＿＿＿＿＿

- 情況 B（私訊）

對方問：體驗課和認證課有什麼不同？

安老師問：體驗課可以讓朋友大概知道什麼是粉彩，約 2 小時的課程；認證課是完整的一套技法，有系統的學習，需要約 18 小時完成官方指定至少 18 張以上的作品。

一般建議先參加體驗課初步了解後再決定是否參加認證課，但也有人直接上認證課。您的想法呢？ 告知選項讓他選

市場上各類活動琳琅滿目，觀察各類型和特色如下，僅供參考。

市集擺攤

- **適合商品屬性**：文創商品、手作訂製、體驗、特色小吃、街頭藝人。

- **具備能力**：提案申請、攤位租金成本、攤位商品和布置要吸引人、直接招呼客人的銷售能力、產出流程掌握、街頭藝人執照。

- **窗口**：各市集主辦單位。

- **優點**：

  ❶ 有話題性。

  ❷ 直接面對目標客戶。

  ❸ 一般市集主題性強烈，有主辦單位安排前置作業。

  ❹ 有固定喜歡逛市集的在地人，也有很多觀光客。

- **難掌握變數**：

  ❶ 室外受天氣影響生意／❷ 動線或攤位規劃／❸ 人潮不確定。

- **常見舉辦單位**：❶ 地區性市集／❷ 音樂祭／❸ 假日市集。

企業員工福利

- **適合商品屬性**：演講式課程體驗式課程、手作類課程。

- **具備能力**：提案申請、課程內容規劃、講課能力。

- **窗口**：❶ 人資單位／❷ 員工福利單位。

- **優點**：

  ❶ 有話題性。

  ❷ 邀課單位協助安排場地和邀請潛在客戶。

  ❸ 費用事前談妥明確。

- **難掌握變數**：❶ 受限公司經費預算和場地／❷ 較難直接取得客戶資料。

- **常見舉辦單位**：傳統大型企業。

企業客戶福利

- 適合商品屬性：演講式課程、體驗式課程、手作類課程。
- 具備能力：提案申請、課程內容規劃、講課能力。
- 窗口：❶ 行銷單位／❷ 業務單位／❸ 客服單位。
- 優點：
  - ❶ 有話題性。
  - ❷ 邀課單位協助安排場地和邀請潛在客戶。
  - ❸ 費用事前談妥明確。
- 難掌握變數：❶ 受限公司經費預算和場地／❷ 較難直接取得客戶資料。
- 常見舉辦單位：傳統大型企業、金融保險類型公司。

校園團體（含學生、老師、家長）

- 適合商品屬性：演講式課程、體驗式課程、手作類課程。
- 具備能力：提案申請、課程內容規劃、講課能力。
- 窗口：❶ 任課老師／❷ 教師團體或學校處室／❸ 家長組織。
- 優點：
  - ❶ 有話題性。
  - ❷ 邀課單位協助安排場地和邀請潛在客戶。
  - ❸ 費用事前談妥明確。
- 難掌握變數：❶ 校園經費較有限，但有宣傳效果／❷ 較難直接取得客戶資料。
- 常見舉辦單位：國小有課後社團；中學有學生社團；各學校各處室有向政府申請的經費來源，可以舉辦親職講座、教師研習等。

公益活動

- 適合商品屬性：演講式課程、體驗式課程、手作類課程。
- 具備能力：提案申請、課程內容規劃、講課能力。

- 窗口：❶ 善心人士邀約／❷ 主動與單位接洽
- 優點：❶ 有話題性／❷ 邀課單位協助安排場地和邀請潛在客戶。
- 難掌握變數：❶ 經費較有限，但有助品牌形象／❷ 較難直接取得客戶資料。
- 常見舉辦單位：依照各人狀況，定期回饋社會，很有意義。

坊間社教學習機構

- 適合商品屬性：演講式課程、體驗式課程、手作類課程、運動類課程。
- 具備能力：講師資料審核、課程內容規劃、講課能力。
- 窗口：❶ 機構負責排課者／❷ 自己推薦／❸ 別人推薦。
- 優點：

  ❶ 有話題性。

  ❷ 邀課單位協助安排場地和邀請潛在客戶。

  ❸ 適合新人磨練累積經驗。

  ❹ 直接取得學員資料。

- 難掌握變數：每個單位鐘點通常有固定行情。
- 常見舉辦單位：❶ 救國團／❷ 社區大學／❸ 職訓課程／❹ 大學推廣部。

異業結盟

- 適合商品屬性：演講式課程、體驗式課程、手作類課程。
- 具備能力：提案申請、課程內容規劃、講課能力。
- 窗口：企業主決策單位。
- 優點：

  ❶ 有話題性。

  ❷ 邀課單位協助安排場地和邀請潛在客戶。

  ❸ 有些可以再對外邀約學員。

- 常見舉辦單位：私人企業。

市集擺攤類活動

近年來文創產業蓬勃發展，假日市集、主題市集也接二連三的出現，有很多個人型態的工作室或新興品牌藉由這類型的活動宣傳、打開知名度或是直接和客戶接觸，建立關係。

目前市場上已發展出許多專門辦理市集的單位，可以直接搜尋各市集網站，填寫申請報名表，但因為市集舉辦相關擺攤規則或成本每場都不相同，所以在填寫申請表時，須盡量符合該市集的屬性以獲得審核單位的青睞，在實際擺攤時，要能凸顯個人品牌的獨特性，以吸引顧客上門。

在每次確定有舉辦活動前，可在自己經營的平台上宣傳，在當天除了能吸引現場客人之外，也會有親友和粉絲到現場衝人氣，微型創業者可以視情況舉辦優惠活動衝買氣。

共同點

❶ 舉辦時間：多在週末與國定假日，遇到節慶連假時通常會更盛大舉辦。

❷ 場地型態：室外通常會搭棚子，但受天候影響大；室內稍微舒適，但可能因空間不夠開放，而沒有隨機路過的客人。

❸ 招商攤位類型：文創手作、個性雜貨、創意美食等。

❹ 攤位數：各場規模都可能因區域、場地等各種條件而有變化，所以建議事先了解。而超過百攤的市集，可能攤位重複性較高，進而分散客源，或可能整體質感較差。

❺ 租攤費用：通常單位是「棚」，有的可以租半棚，租越多天通常費用較低，各家各場規則可能不同，有幾百元到幾千元不等（都是成本）。

❻ 注意事項：要記得掌握提供桌椅數、照明或用電、能否用火等規定，因各場規定不同。

❼ 報名方式：以上網填寫報名表單申請為主，有無入選，則等待主辦單位告知。

企業活動

　　若有機會受企業邀請舉辦活動時，一般會詢問活動對象，主要分為：對內員工福利或對外提供給客戶的服務，而活動方式和內容依據微型企業商品或服務項目有很多可能性，而我較常提供的活動內容以演講和體驗式課程為主。

　　我通常會主動與任職於人資單位或福委會的朋友，或是工作性質為行銷業務的人士介紹自己的樂藝文創服務（自我介紹好重要），當他們對於提供的服務有興趣多了解時，就可以詢問一起舉辦活動的可能性。

　　多數公司需要取得主管同意，走行政流程申請，因此下一步驟的活動企畫書也要和對方討論後撰寫，或給對方一個參考依據。有些公司也樂意提供他們專用的申請格式或代為填寫申請。

　　我認為，當準備的資訊越充足，配套服務越完整，盡力幫對方省去很多行政文書、課程活動設計、尋找師資、採買材料等繁雜瑣事，並表現誠意和能力，合作的機率就會越高，在第一次合作之後，通常也有很高的機會未來會繼續合作。

　　此外，有些知名公司的員工福利包括公司社團活動補助，補助內容一般包括場地提供，甚至有活動經費或師資鐘點，而社團的申請每家公司辦法都不同，有些以一期一個月四堂來申請經費和安排活動，也有一年申請一次補助經費可以安排和運用，有機會可以詢問不同工作領域的朋友，關於開設社團和申請講師經費的可能性。

◎ 活動企畫書撰寫

　　企畫書是一般合作必須具備的書面資料，目的在雙方有一個彼此溝通的依據，也可以視彼此實際狀況調整更適切的內容，針對不同族群也可以用一些比較吸引他們的詞彙，另有些公司有自己的企畫書，只須談妥後按格式填寫。

　　活動企畫書有非常多種，一般內容包括：

❶ **活動名稱**：用詞吸引目標對象、必須清楚表達活動形式內容。
❷ **主辦單位**：（通常為對方）。

❸ 協辦單位：（通常是我方）。

❹ 活動目的：透過幫助達到＿＿＿＿＿＿＿＿＿＿＿

❺ 活動對象與人數：＿＿＿＿＿＿優先參加，最多＿＿人。

❻ 活動時間與地點：＿＿＿＿＿＿＿＿＿＿＿＿＿＿

❼ 報名方式和費用：＿＿＿＿＿＿＿＿＿＿＿＿＿＿

❽ 活動聯絡人：＿＿＿＿＿＿＿＿＿＿＿＿＿＿＿＿

◎課程企畫書撰寫

若活動形式接近演講式課程，活動企畫書可加入「課程企畫書」如下：

・教學重點（以禪繞藝術為例）

本活動的教學重點在於帶領學員認識禪繞精神並學習禪繞畫，使學員對禪繞有初步的認識並創作自己獨一無二的作品，同時達到舒解身心壓力，進而將禪繞精神運用到生活中，簡單容易的在身心靈上成長，享受藝術生活之美。

・授課流程與內容包括：

（一）禪繞畫簡介：由來和精神。

（二）禪繞畫課程：

　　❶ 認識禪繞五元素和八步驟。

　　❷ 學習禪繞基本圖樣。

　　❸ 學習禪繞圖樣組合和創作。

　　❹ 作品分享交流。

・師資介紹

師資簡歷介紹可以吸引人們更有意願參加，內容包括：

❶ 授課教師姓名電話。

❷ 授課教師現職與簡歷。

❸ 授課或活動照片、證書、聘書。

社教機構開課

政府基於鼓勵終身學習和推廣成人教育，利用高中高職晚間閒置教室，提供社區大學開辦成人進修教育，講師鐘點由政府補助，學員繳交的學費通常經濟實惠。也有許多公私立大學推廣部廣開各類課程以因應廣大民眾的學習進修需求；還有許多文教基金會、協會或職業工會等，也會定期舉辦課程。

有課程需求就有老師需求，對新手老師而言，雖然這些單位的鐘點大概是 300 ～ 1200 元，但若是到有知名度和公信力的開課單位授課，對個人的資歷也是有加分效果，此外很多老師不擅長招生也沒有自己的場地，能到這些機構開課，也是一個曝光的機會。

剛開始「先求有再求好」，半年到一年之後，累積了一定能力和資歷後，可能開始會有其他單位的邀課，建議必須慢慢學習自己對外接洽課程、洽談鐘點費的能力，朝向「寧缺勿濫」的目標前進。

下圖為申請社大開課流程，供大家參考，各家不完全相同，若有資深老師推薦，可能更容易通過。

至該單位網站連結下載師資表格填寫 ➡ 寄送師資表格申請書 ➡ 師資書面審核通過（有些單位會有面試面談）

課程計畫通過後先開體驗課 ⬅ 下載並填寫課程計畫

正式招生 ➡ 達到開課人數即開課

洽談注意事項

	活動	課程
活動名稱	內容清楚、名稱響亮引人注意。	內容清楚、名稱響亮引人注意。
活動內容	活動方式。	學員學到什麼和產出什麼作品。
活動時間	□半天　點到　點 □一天　點到　點 □2～3天 □一週或數週 　　月　日到　月　日 □一個月 　　月　日到　月　日 □一季 　　月　日到　月　日	□半天　點到　點 □一天　點到　點 □2～3天 □一週或數週 　　月　日到　月　日 □一個月 　　月　日到　月　日 □一季 　　月　日到　月　日
活動頻率	□單場 □一週一次，共＿＿場 □隔週一次（一個月二次） 　共＿＿場 □一個月一次，共＿＿場 □一季一次，共＿＿場 □一年一次，共＿＿場	□單場 □一週一次，共＿＿場 □隔週一次（一個月二次） 　共＿＿場 □一個月一次，共＿＿場 □一季一次，共＿＿場 □一年一次，共＿＿場
工作人員	・主辦單位工作人員。 ・協辦單位工作人員。	・師生比。 ・工作人員數量。 ・空間感覺。
工作分配	詳列工作雙方討論。	詳列工作雙方討論。
參加人數	一般視活動性質和場地大小。	一般視活動性質和場地大小。
參加方式	預先報名或現場報名。	預先報名或現場報名。

	活動	課程
收費方式	收費窗口、預先繳費（匯款轉帳刷卡）、現場繳費。	收費窗口、預先繳費（匯款轉帳刷卡）、現場繳費。
場地位置	場地交通、時間成本。	場地交通、時間成本。
場地大小	場地租金、空間感。	場地租金、空間感。
場地設備	討論所需設備。	討論所需設備。
交通	交通時間和成本。	交通時間和成本。
內部成本	・幾位老師到場協助？ ・講師費？助教費？ ・材料費？	・幾位老師到場協助？ ・講師費？助教費？ ・材料費？
分潤比例	雙方討論。	雙方討論。
給錢方式	・是否簽勞務報酬單。 ・活動後付現。 ・多久內匯款（一般是一個月）。	・是否簽勞務報酬單。 ・活動後付現。 ・多久內匯款（一般是一個月）。
對外收費	雙方討論。	雙方討論。

安琪拉提點

　　初期投入教學市場的老師們，可以「先求有再求好」，以累積經驗和資歷為目標，半年到一年後，應該能累積到吸引外面單位主動洽詢的能力或實力，屆時就可以稍微按照自己的時間和實際情況安排和調整想合作的單位。

異業結盟是指跟不同性質產業的朋友合作，共同創造價值和共享成果。例如咖啡廳和印度彩繪老師定期合作，提供來店消費的客人免費畫一個小型印度彩繪或加價購特製印度彩繪的服務，印度彩繪老師也藉此接觸消費者。

而我從事心靈繪畫的教學，目前與文具廠商洽談合作，在他們營業店面內開設體驗課程，接受預約上課，也接受現場隨機出現的客人報名，是發名片也是宣傳、認識潛在消費者的好機會，初次合作雙方互相配合的順利愉快，而後每年書展和文具展皆受邀到會場辦課程活動。

過往合作愉快的金融業及保險業也邀請我定期在他們舉辦的活動中開設藝術相關體驗課程，在這類人數較多的體驗課程中，我有機會直接接觸到對藝術學習有興趣的新朋友，和他們互動後取得聯絡方式，並邀請他們到粉絲專頁按讚，了解對方有興趣的領域後再進行交流，並提供他們可能適合的課程資訊等。

我由於持續累積多元教學經驗和客群、教學品質良好，日漸建立口碑，在粉絲專頁上持續定期 PO 文分享，也讓大學推廣部課程企劃部門和國立科學教育館課程單位皆主動洽詢開課事宜，初次舉辦，學員報名熱烈，上課愉快且問卷回饋滿意度爆表，也與這些單位達成長期合作開課的共識，因為這些單位在教學領域具有一定指標性地位，對個人品牌有非常大的加分。

每次活動除了取得客戶資料、邀請按讚之外，記得要拍照做成影片放在粉絲專頁，並鼓勵新朋友到粉絲專頁寫評論，累積正面評價。

近期還有線上學習的平台邀約開設粉彩線上課程，與他們合作除了累積不同經驗之外，還累積更多的粉絲，同時跟出版社的合作也完成了這本書。

重點整理

到外面辦活動有助於個人品牌曝光，可以依據個人情況和釐清舉辦活動的目標，先從市集、到外面單位授課演講、和相關廠商合作開始辦起。辦活動前、中、後都有很多眉角需要協調注意，學習掌握相關細節有助於微型創業者持續開拓市場。

有沒有揪感心───客戶經營

有客戶的存在，才能建立商業模式和啟動微型創業循環，客戶關係的範圍包括客戶經營和管理，這些都是我們必須要好好經營的課題。

微型創業者從一大群目標潛在客戶裡找到新客戶，一定都希望新客戶能滿意並固定回購，從他回購的次數中，我們可以知道他可能就是真心喜歡自家商品和服務的忠誠客戶，這時我們可以鼓勵他再介紹潛在客戶，這就是大家都想建立起來的良性循環。

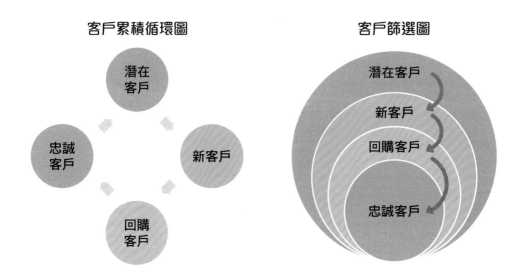

在我的心靈藝術繪畫的經營模式裡，人人都可能是我的學員（客戶），也可能是幫我開課的人（介紹新客戶），因此客戶關係經營對我而言，是經營人際關係的一部分，我怎麼用心且誠信的對待親朋好友，我就怎麼對待學員、客戶。

而在廣大的消費市場中找到對自己商品有興趣的潛在客戶，雖然不容易，但也不是完全不可能，尤其在科技發達、網路和社群十分普及的現代生活中，運用虛擬的網際網路，連接到現實生活中的人際網路，真的是非常好用且輔助性強的媒介和平台。

001 CLOUM 聚焦潛在客戶的需求

　　了解潛在客戶需求還不夠，必須透過互動、討論進而聚焦，提出他們可能心動的商品和或方案。在行銷 4.0 的時代，客戶在還沒購買前就共同「參與」和「開發」商品。

安琪掏給你們的悄悄話

　　透過 Facebook 和 Line 群，我觸及了一些未曾謀面的朋友，了解他們的喜好當作後續開新課程的方向（我們會分享一些新的領域創作，看看大家的反應如何，當作「試水溫」，有時反應不錯直接開課）；近日開始著手的線上課程問卷「填問卷送免費線上課程」，也透過 Facebook 和親友發送轉貼出去，搜集問卷並加以分析，可以針對客戶的需求提供更適切的方案內容。

002 CLOUM 鼓勵成為新客戶

　　當潛在客戶對商品有興趣時，決策過程中的變因種種，我們能做的就是在我們能掌握的範圍付出努力，例如：讓客戶體驗到我們優質商品和貼心服務的價值、合理的價錢、舒服的環境、方便有效率又愉快的取得商品或服務、有誠意的優惠方案等。

安琪掏給你們的悄悄話

　　在一些推廣課程場合、透過親友介紹、Facebook 粉絲專頁有許多人追蹤、社團有不少人關注，這些都是潛在客戶名單。當分享課程訊息、而他們公開表態或私訊有興趣時，都要盡快聯絡，提供詳盡說明，確認對方意願（有的人只是習慣湊熱鬧，也別太介意，畢竟 Facebook 版面看起來熱鬧也比稀稀落落好），安排適合彼此的時間並確認時間地點之後，新朋友我通常會請他們在報名內三日內匯款至指定帳戶；如果是機關團體邀課，我們討論相關事宜也會先了解確認付款方式（有現場付現，簽收勞務報酬單、也有給帳戶影本，於一週內匯款或每個月固定幾號入帳等）。

聚焦潛在客戶需求成為回購客戶

　　新客戶再次購買就稱為回購客戶。維繫舊客戶比起開發新客戶更事半功倍，我們可以從回購客戶中找到自己擅長經營的客群樣貌，或是通常吸引到什麼特質或需求的客人。有時回購客戶會轉介新客戶，也可能帶著親友一起來，這對我們來說是肯定和鼓勵。通常是因為我們做了對的事情，例如：因為我們很用心，所以客戶對商品和服務都很滿意；我們誠信相待，附加價值高，所以客戶喜歡我們，把我們當朋友等。

　　安琪控訴你們的悄悄話

　　　通常我們相處就像朋友（或長輩與晚輩之間的照顧），我們平常彼此關心、偶爾出遊會各自帶小禮物給對方，我也會提供給舊學員一些課程優惠方案，鼓勵他們繼續定期在工作室學習。

成為忠誠客戶

　　當同類商品或服務，客戶通常會自主性的找你；或是你賣什麼商品他都會跟你買（開什麼課程他都樂於參加），那麼這可視為忠誠客戶的鐵粉級了。

　　安琪控訴你們的悄悄話

　　　通常回購三四次就可以視為忠誠客戶。微型創業者可以依據忠誠客戶的特質或喜好，推出更適合他們的專屬商品，甚至限量或訂製款。

善用通訊軟體經營客戶關係

　　認識新朋友或是維繫舊客戶，Line 或微信等通訊軟體都是一個很好的工具。但首先自己要先變成一個關心他人，也喜歡和他人聊天的人。而使用通訊軟體和新朋友聊天可以掌握下列的原則。

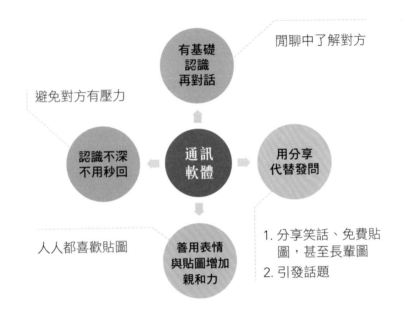

安琪捨給你們的悄悄話

1. 我在辦活動或教學的場合，常常主動幫忙拍照，自然可以加別人 Line 以利把照片傳給對方，也就可以有機會簡單聊天，閒聊中更有機會認識彼此。

2. 朋友邀我加入群我都會加，在裡面鼓勵別人也分享有趣、有用資訊，例如好笑圖文、優惠咖啡活動、免費貼圖等，偶爾可以把自己經營的粉絲專頁或訊息貼在某些可能有興趣的群裡。

3. 經營自己的群，包含學員群、好友群等，或直接人脈的群，例如：同學群、親人群等，除了分享有用好笑資訊之外，都可以勇敢貼出自己在經營的事業訊息。

4. 出國旅行、參加課程或志工團體等也會有 Line 群組，可以在裡面慢慢交朋友。

5. 和家人朋友可多分享貼圖、交換使用 Line 的心得。

列出你的 Line 群：

_____

_____

_____

_____

_____

_____

重點整理

　　透過大量的行動，利用管道和方式找到對你的商品和服務有興趣的目標客戶；當客戶有興趣時盡力提供優質商品和服務滿足客戶需求；善用通訊軟體進行即時訊息傳遞、交換訊息等愉快的互動。

問到心坎裡──問卷調查

　　從早期各種領域的學術研究到市場行銷、消費者滿意度等,透過問卷調查一直是一個常見的方式和工具;而現今數位行銷時代,消費者透過參與、討論、影響銷售或催生新商品的力量更不容忽視。我們可以利用簡單的電子問卷了解消費者真正的需求,或對新商品的評價或期待,我也有一些課程是學生和臉友們表達高度興趣而催生出來的,所以以下也分享一下簡易問卷設計和調查應用。

　　商品開發初期,透過問卷調查讓客戶勾選表達心聲,將大部分客戶的需求聚焦,作為研發和提供商品的依據,且透過問卷發放還可以搭配抽獎活動,藉此產生品牌宣傳效益,也有機會取得潛在客戶資料。

　　商品銷售期間可以透過消費者使用滿意調查幫助檢討和調整方向,也可能取得對商品有高度興趣的客戶名單。

　　設計問卷調查的注意事項:

❶ **問卷發放對象**:設定可能有興趣的族群。

❷ **問卷內容**:一般而言,問卷題目要簡潔,題數要注意不要太多,搭配贈品或抽獎,更能吸引作答意願。如果沒有特別的作答誘因,扣除基本資料,題數最好不要超過十題,而且最好提供答案選項(而非簡答或開放性問題,現代人忙碌較沒耐心填寫)。

❸ **發放方式**:可以利用 Facebook 粉絲專頁、Facebook 社團以及 Line 朋友圈。

❹ 除此之外,Facebook 社團和 Line 群組也都可以設計投票活動,讓大家表達意見。

　　利用 Google 表單可以設計問題和統計結果,更複雜或深入的問卷和分析可以利用 Surveymonkey、Surveycake 免費網站。

| Google 表單 | Surveymonkey | Surveycake |

CHAPTER

續航

永續經營的獲利關鍵

ENDURANCE:
The key to profitability of
sustainable operation

續航
ENDURANCE

魔鬼在哪裡？

　　不論是傳統事業或是微型創業，必須要認知到這條路不可能一帆風順，一路上風景詭譎，有許多事情需要智慧和勇氣做選擇，我先告訴你「魔鬼」可能藏在哪裡，並提醒大家檢視自己和調整的方法。

◀ 魔鬼 01 ▶ 想的比做的多（目標不清楚或沒有行動力）

➡ **魔鬼可能躲在？**

　　傳統的教育往往教導我們，先計畫再行動，所以有些朋友，規劃了很多方案、想了許多方法，講了許多如果，一直觀望、一直等機會，卻遲遲不（不敢或不願意？）採取和目標相應的行動，而時間一直在過，一天、一週、一季、一年，沒有朝夢想前進，最後很可能不了了之。

➡ **建議**

　　勇於訂下目標，一邊行動一邊調整策略或方案，專注心力在自己想要創造的結果。

➡ **檢視自己**

　　□ 顧慮很多。　□ 行動偏少。　□ 説太多做到少。

➡ **改進之道**

　　□ 自我檢討。　□ 確實改進。　□ 訂定明確目標。　□ 勇敢採取行動。

◀魔鬼02▶ 不願付出、不願投資

➡ 魔鬼可能躲在？

有些老師準備開課用的材料，是秉持有確定開才準備、或買一點點，很多人怕屯太多浪費或是開不成怎麼辦？

但做生意應該要有安全存貨的概念，客戶不等人，每次只進一點點貨，確定有訂單才去提貨，其實很沒有效率，我們必須有花費的時間比材料更珍貴的概念。

也有老師覺得招生是合作單位的職責，而沒有花太多時間精神在招生上，導致課沒開成，對雙方都沒有好處。

➡ 建議

經營任何生意都要有事先準備、投資的概念，準備商品、投資門面、提升商品競爭力等都是投資，雖然要付出時間和金錢，但必須在客人上門前就準備好大部份商品，開課前就準備好大部分的教材和學員材料是創業的基本。

即使跟其他單位合作開課，老師應該也要想辦法多宣傳、努力招生。

➡ 檢視自己

☐嫌進修學費貴。　☐有確定開課才買材料。　☐招生是合作單位的工作。
☐確定客人要買才準備商品。

➡ 改進之道

☐適度準備商品。　☐適度準備材料。　☐建立宣傳管道。
☐培養招生能力。　☐學習是為了增加自己的實力。

急功近利（目光短淺、高度不夠）、違反誠信原則、一開始就想要回報

➡ 魔鬼可能躲在？

　　有些人沒有思考售後的客戶服務或忽視口碑相傳的力量、只想要趕快撈一票就離開，沒有思考長久經營才是上策。之前知名集團的假牛奶事件，最後造成人們拒買響應，導致企業無法生存。

➡ 建議

　　事業經營應該要有長遠眼光和廣大格局，前期的付出耕耘是為了奠定基礎，像蓋摩天大樓般要打造深而穩固的地基一樣，不可馬虎。

➡ 檢視自己

　　□沒思考過客戶服務。　□沒思考過口碑效應。　□輕忽客戶評價的影響力。

➡ 改進之道

　　□真心關心客戶。　□了解口碑重要性。　□了解客戶評價的重要性。

敝帚自珍、閉門造車、自以為是、不願學習

➡ 魔鬼可能躲在？

　　有些人低頭只專注自己的領域，沒有抬頭看看外面的世界變化，有些人不太和同業互動、甚至脫節而不自知，也有些人自以為是，很難與他人達成共識。

➡ 建議

　　多關心注意整個大環境的狀況和變化；擴展交友圈、生活圈，多和大家互動；知道人外有人，天外有天，所以要持續學習。

➡ 檢視自己

　　□和同業都不熟。　□生活圈狹小而固定。

　　□很少去別人的 Facebook 頁面留言或粉絲專頁按讚。

➡ 改進之道

　　□多認識新朋友。　□隨時關心市場狀況。　□相信付費學習的價值。

自我管理不佳

➡ 魔鬼可能躲在？

　　有些人懶散、愛做不做的；有些人時間管理不佳、遲到或瞎忙等；有些人忘記照顧自己健康、作息混亂、沒辦法好好經營事業；有些人情緒化、得罪了合作夥伴或客戶，而這些狀況都會影響創業結果不佳。

➡ 建議

　　應該勤奮積極、努力經營，最後無論結果如何，都是自己努力後的成果。所以將時間安排給重要的事情並注意準時；維持身體健康、心情愉快等，才不會影響個人狀態。

➡ 檢視自己

　　□ 常生病。　　□ 常生氣。　　□ 常熬夜。　　□ 懶散拖延。　　□ 習慣性遲到。
　　□ 常在處理緊急狀況。　　□ 常常忘東忘西。

➡ 改進之道

　　□ 注意身體健康。　　□ 練習情緒管理。　　□ 練習時間規劃。
　　□ 認知到自己的事業要自己負責。　　□ 提早出門不遲到。

◀ 魔鬼 06 ▶ **跨不出舒適圈**

➡ 魔鬼可能躲在？

　　有些人常催眠自己在原來的領域也過得不錯，有些人視工作如同雞肋卻不敢改變。

➡ 建議

　　看清舒適圈，並勇敢改變。

➡ 檢視自己

　　□ 常羨慕別人勇敢做自己。

➡ 改進之道

　　□ 設定小目標練習。　　□ 提醒自己要有危機意識。

◀ 魔鬼07 ▶ **抗壓性差**

➡ 魔鬼可能躲在？

　　壓力可能來自大環境改變、工作或人際互動，有些人遇到不論大小事情都容易有壓力，有情緒。

➡ 建議

　　對事情發生要有正向解讀，壓力可以幫助人們突破成長。

➡ 檢視自己

　　□太緊張睡不好。　　□一有壓力就情緒起伏大。

➡ 改進之道

　　□愉快人際。　　□良好時間管理。　　□提升能力有助抗壓。

重點整理

　　每個人都有因過去經驗造成的盲點或慣性，這都是魔鬼常藏匿的地方，當你改變和突破了，就是成長和進化的開始，也可能往前走到另一個前所未見的境界，看到不一樣的人生風景。

成功心法和習慣

一個人不論經營什麼事業、投入什麼產業、花費多少心力、得到多少回報，其實最後都是在經營「與人有關」的事，事業經營其實也是人生經營。

人生中，造成我們喜怒哀樂的事物，就是「情和錢」。「情」是所有人際互動和人生角色（例如為人父母、子女、朋友）的扮演，「錢」展現在食、衣、住、行、育、樂的品質。人類與其他生物最大的差別是：人有道德情操、會學習會思考、不只求生存，還追求自我價值的實現。這也是人類文化不斷發展、文明科技不斷進步的原因。

所以我們經營一個事業，不論規模或營業額大小，不管在遇到挫折、挑戰或是當感受到企業開始成長時，都要有永續經營的打算。而事業經營者是「人」，事業體內部的合作夥伴是「人」，外部客戶也是「人」，所以都是經營和「人」有關的事業，想要成功，就要符合個人人生經營的目標和使命，也要符合人類進步發展的自然原則。

人的思考方式影響展現的態度和行為，當習慣並成為模式後，也造就了我們常說的命運，彼此間環環相扣也交互影響，我們會發現其實命運掌握在我們腦中，也就是我們的思考模式，下列的心法和習慣，是我認為須具備的基本心態及條件。

◀心法01▶ 思想正面樂觀、態度積極正向

任何事情都有一體兩面，思想影響我們看事情的態度，及做事情的方式。思想正面樂觀，態度積極正向有助於我們經營事業和人生，尤其是在面臨任何不在預期中的「意外」時，我們要面對這些無法掌控的「事件」，正面積極的心態有助於我們思考各種因應之道，找到方法面對和處理。許多成功人士不是沒有遇到挑戰或是困難，他們

思想正面樂觀
這是一個全新的
機會和市場

行動
開始搜集資料
找方法定策略

心法1

**態度
積極正向**
愉快的接下任務
接受挑戰

是把這些事件當成學習磨練和成長的機會和經驗,「事件」這顆石頭,是絆腳石或墊腳石,端看我們的怎麼想和怎麼做。

養成一個讓「思想和態度、行動成為一個正向的循環」的習慣。在大家耳熟能詳的「去非洲賣鞋」的故事中,製鞋公司派兩位業務一起去非洲勘查市場,業務 A 回報:「非洲人都不穿鞋子,沒有市場可言。」業務 B 則認為:「太好了,我們在別家公司還沒進駐之前開發,這市場大有可為!」在不同想法下,業務 A 自然不會想辦法,而業務 B 則開始積極尋找對策和採取行動。

◀心法 02▶ 做人誠信善良、處事可靠負責

一位公司領導人或企業經營者的良善和誠信,往往影響了整個組織由內而外展現出來的企業形象,而今各行各業為了滿足人類需求或造福人類已經不只是口號,或商業目的外在包裝,而是發自內心真心誠意的經營理念。

誠信善良
誠實守信、誠懇善良、做人成功

心法2

做事負責可靠
有責任感、盡心盡力完成

選擇對的事
有意義的事、利人利己的事

身為微型創業家或斜槓族,個人的品德操守更是贏取他人信任的基礎,做人誠信善良、做事當然也會可靠負責。所以帶著感恩的心,在人生角色扮演或人際互動上,讓自己站在一個踏實而穩固的基礎上去發展自己的事業;同時,你也會吸引做人做事比較可靠的人。

因為誠信善良的人會選擇對的事情,做對的事比把事情做對更重要;做什麼樣的人比做什麼事情重要,做人成功,做事也比較容易成功。

莫忘初心；目標清楚、格局遠大、行動確實

永遠要記得當初選擇創業、選擇經營這個領域的初衷，想要為自己和所愛的人創造什麼結果，為人類和世界貢獻什麼，就勇敢的把夢想做大。

目標越清楚越具體，越能指引你（或是說吸引你）朝正確方向前進，避免不必要、跟目標無關事件的干擾（訂具體可行的目標請查參考 P.90）。

格局放遠大，才不會糾結在不重要的小事上，因不重要的事有可能耗損能量、讓人失去動力。

行動確實，一步一腳印的踏實累積，循序漸進的完成計畫、階段性任務和夢想。光說不做，不會有任何進展，唯有不斷的在行動中學習、調整、持續的累積經驗，以量取質，在豐富的經驗中磨練出眼光和眼界、學會判斷、學習有效能，才能到達更高的境界並看到不同的風景。

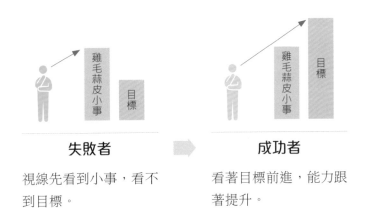

失敗者　　　　　　　　　　**成功者**

視線先看到小事，看不到目標。　　看著目標前進，能力跟著提升。

自我管理很重要（時間、健康、情緒、財務）

人生經營的面向不是只有事業、賺錢、工作這些有形的領域，還包括人生角色扮演，包含人際互動、愛與個人成就感、身心健康等全方位的平衡，因良好自我管理是一個超級加速器，從事業永續經營到人生各領域的發展和整合都十分有幫助。而自我管理包括，時間管理、健康管理、情緒管理、財務管理等。

❶ 時間管理：生命是時間的總和，每個人一天都是 24 小時，但最後的結果往往大不同，因為時間花在哪裡，成就就在哪裡。

　　a. 做和目標有關的事，重要的事先做。

　　b. 尊重自己也尊重別人的時間，所以要事先規劃，不要遲到。

　　c. 善用零碎時間，可以積少成多。

❷ 健康管理：健康的身體是一切的基礎，事業成功也要有健康的身體可以享受，才會幸福。

　　a. 飲食均衡、作息正常。

　　b. 定期運動、適度休息。

　　c. 覺察情緒、紓解壓力、保持心理健康。

❸ 情緒管理：認識情緒、學習調解、正確抒發情緒，除了幫助自己心情愉快之外，也有助人際互動和事業經營發展。

　　a. 常懷感恩心

　　b. 要有正確抒發情緒的管道和方式。

❹ 財務管理：微型創業者很容易把公司和私人財務混在一起，建議一定要分開處理，這裡的財務管理指的是個人財務部分。

　　a. 穩健經營、不要投機。

　　b. 定期儲蓄、規劃保險、退休金。

　　c. 最好有適度又跟你興趣有關的被動收入來源。

◀ 心法 05 ▶ 團隊合作互利雙贏

　　人類文明發展至今，證實族群間的資源共享、互惠合作比競爭對抗更能讓雙方強盛繁榮。現今企業經營強調彼此溝通協調、注重雙贏互利（甚至三贏）的商業模式，所以須善意誠信的溝通理念、適性分工的協調相關事宜、透過團隊合作或異業結盟，讓雙方甚至多方都能共創更大的效益。

◀心法06▶ 勇敢突破、掌握先機

　　面對快速變化的環境，不斷的學習、加值自己，增強自己的實力，使自己有能力面對變幻莫測的挑戰。當嗅到變化的氛圍來臨，有實力才能迅速的面對和因應，甚至有能力預測未來變化、藉此站上浪頭搶得先機。

◀心法07▶ 重複累積、學習更新

　　透過練習，當越來越熟練上述心法，才能累積經驗、去蕪存菁。

　　建議定期（半年或一季）檢視當初的目標和願景，反省並調整策略和辦法，學習新事物以因應未來更多的挑戰。

（圖中六角形）重複累積 學習更新／做人誠信善良 處事負責靠譜／勇敢突破 掌握先機／**思想正面 態度正向**／目標清楚 格局遠大／合作模式 互利雙贏／自我管理

5-3
section
創業成功小故事

　　人們常常聽到許多大企業的奮鬥史和成功故事，那些成功人士的激勵故事也常在朋友圈裡流傳，然而很多時代的機遇或所屬國情、個人背景及條件和我們這些「市井小民」都大不相同，也讓那些成功故事像傳奇一樣遙不可及，所以我想分享一些我觀察身邊創業成功的故事，他們都符合上述的成功心法和習慣，也是從小本經營，一步一腳印走到「成功」。

　　先說明我對創業成功的定義供大家參考，我覺得高標準的自我要求，但不要苛刻自己；可逐漸達成目標而非一步登天，按照自身的實力、發揮潛力、將自己的商業模式運轉起來；有獲利可以照顧自己和家人（未來有需要也可以照顧員工）；有自主的時間可以安排比工作更重要事情，同時不斷的學習成長，快樂的活成自己想要的樣子。

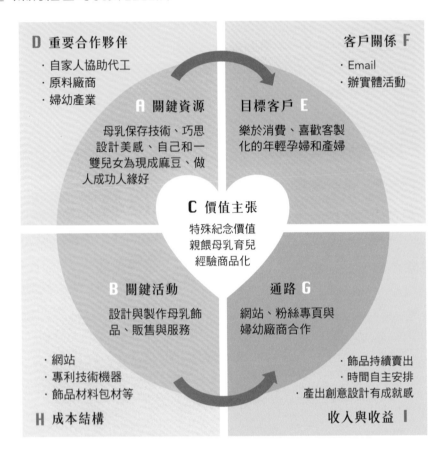

D 重要合作夥伴
· 自家人協助代工
· 原料廠商
· 婦幼產業

A 關鍵資源
母乳保存技術、巧思設計美感、自己和一雙兒女為現成麻豆、做人成功人緣好

客戶關係 F
· Email
· 辦實體活動

目標客戶 E
樂於消費、喜歡客製化的年輕孕婦和產婦

C 價值主張
特殊紀念價值
親餵母乳育兒
經驗商品化

B 關鍵活動
設計與製作母乳飾品、販售與服務

通路 G
網站、粉絲專頁與婦幼廠商合作

· 網站
· 專利技術機器
· 飾品材料包材等

H 成本結構

· 飾品持續賣出
· 時間自主安排
· 產出創意設計有成就感

收入與收益 I

年輕辣媽小穎在連續生完兩個孩子後，享受異國婚姻和家庭生活的她，覺得親餵母乳的育兒經驗實在太值得被紀念了，因緣際會下取得將母乳保存製成類似珍珠的專利技術，加上她的巧思美感，設計出充滿特色又很有質感的母乳項鍊和手環飾品，而娘家家人是她的代工好幫手，透過 Facebook 粉絲團販售，並接訂製限量款，目標族群很明確是樂於消費、想為生活留下紀錄的年輕孕婦和產婦。

小穎從早期用最陽春的 Google 表單，到後來經營簡易式官網，一邊經營一邊調整創新，至今邁入第四年，維持一定的訂單量和出貨頻率，也定期和一些婦幼產業品牌合作，經營共同的客戶族群。雖然定期推出新設計很燒腦，偶爾遇到奧客要處理也很辛苦，然而擁有自己的事業和收入，又保有和家人相處的時光和品質，小穎覺得真是太值得了。

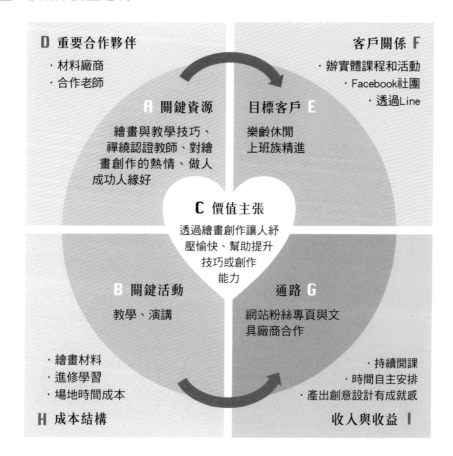

D 重要合作夥伴
· 材料廠商
· 合作老師

客戶關係 F
· 辦實體課程和活動
· Facebook社團
· 透過Line

A 關鍵資源
繪畫與教學技巧、
禪繞認證教師、對繪
畫創作的熱情、做人
成功人緣好

目標客戶 E
樂齡休閒
上班族精進

C 價值主張
透過繪畫創作讓人紓
壓愉快、幫助提升
技巧或創作
能力

B 關鍵活動
教學、演講

通路 G
網站粉絲專頁與文
具廠商合作

· 繪畫材料
· 進修學習
· 場地時間成本

H 成本結構

· 持續開課
· 時間自主安排
· 產出創意設計有成就感

收入與收益 I

　　從小熱愛畫畫的阿成老師，因健康因素離開需要耗費體力的傳統工作，養病期間重拾畫筆，向專業的美術老師學習畫畫。老師鼓勵認真學習的他參加禪繞教師認證，有機會就可以進行禪繞畫教學。阿成老師花很多時間練習和創作，剛開始先到公益團體進行授課分享，教學認真、幽默風趣的他，陸續有不少單位主動洽談並邀請教學，不論單場演講或帶狀課程，學生們都很享受阿成老師帶來的課程。阿成老師畫風細膩、創作匠心獨具，在許多的繪畫社團中也小有名氣；然而他依然不斷學習、精進，也培養了幾位老師可以共同教學，經營繪畫教學至今約三年，目前阿成老師的開課頻率，他覺得很完美，做自己喜歡的事又有收入，還可以利用時間創作、下廚、陪家人。由於阿成老師的畫風獨特，擅長分解繪畫步驟以利教學，還研發了一些獨門繪畫技巧，近期已推出充滿個人風格的繪畫工具書。

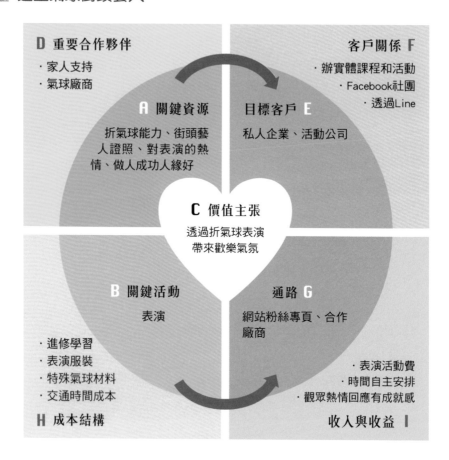

小天姊姊親切活潑，一邊折各式各樣的造型氣球，一邊還會搭配音樂舞蹈表演，必要時流暢的主持串場，帶動現場觀眾氣氛。從私人婚宴、企業尾牙或春酒、商演或地方節慶活動，只要有表演或主持的場合，有她在現場折造型氣球總是歡樂無限。經營個人品牌多年，表演預約常常滿檔，粉絲專頁累積近萬人按讚。

原本是科技新貴的Ｈ哥，有感於工程師生涯是用肝在賺錢，就算有錢也沒有生活品質，所以在使用了傳銷公司健康食品，如願健康減肥之後，深入了解傳銷公司致力提供優質營養補充品提升人類生活品質的理念，也認同他們的銷售與培訓，以及全球單一市場的優渥獎勵制度，所以積極投入學習和經營，除了大量使用和分享商品給身邊親朋好友之外，還找尋合作夥伴並培養人才，日漸建立起自己的無店鋪連鎖組織，成為傳銷公司的高階品牌大使，買了自己的新房子，定期帶老婆出國旅行。

近年來「斷捨離」不只是流行，人們開始意識到減去不重要的東西，心靈更輕鬆；居家空間整理好了，心也跟著清爽，於是小 C 參加空間收納師培訓，從居家空間規劃、到收納美學諮詢、還有換季衣物收納等，都是在學習專業的領域，也是服務客戶的項目。結業後，剛開始跟著老師到客戶家協助老師並實習，至今能獨當一面，定期接案，並提供到府諮詢服務，除了要跟客戶溝通外，也要教育客戶一起動手整理。

小安第一次在市集接觸印度彩繪時，看著繪師專注的將指甲花顏料一筆一畫的擠在她的手背上，讓當時正處於人生低潮煩躁的她看得出神，完全忘記外界的喧囂，那些美麗的線條彷彿有股安定的力量，療癒了她，於是開始她一頭栽入了印度 Henna 的世界，跟著老師深入學習並勤奮的練功。剛開始只是喜歡，所以免費幫親友畫，後來跟著老師出攤，從客人的回饋中，發現她在過程中也療癒了客人，就像當初的她一樣，所以印度 Henna 繪師成為她的第二專長。

剛開始她在固定時間去朋友的咖啡廳駐點，有時候用餐的客人會加價購；並持續和她的老師去參加市集擺攤、音樂祭活動等，當慢慢打出知名度後，有越來越多的廠商活動邀約、也有學生跟小安拜師學藝，於是她安排假日擺攤、平日教學，和客人及學員真心交流，也交了很多互相支持鼓勵的朋友，小安很享受這樣的生活。

科技員工福利進修課程企畫書

禪繞藝術生活—禪繞畫入門

禪繞畫簡述

禪繞畫 zentangle 起源於美國，創辦人 Rick 和 Maria 將東西方人生哲理、生命的智慧、藝術創作交互融合，所發展出來的一套引導人們於日常生活中進行容易學習又有趣的藝術創作活動。

透過輕鬆、有趣、畫禪繞的重複步驟中，幫助人們放鬆、靜心、紓壓，也有助於自我覺察和突破、提升自信和專注力、啟發創造力，讓身心靈一起成長。

畫禪繞又被稱為腦內瑜珈，彷若進行了一場心靈 SPA，非常有助於忙碌的現代人面對高壓的生活，因而引起世界各國人們學習風潮。

學習禪繞畫的好處

禪繞精神引導我們在生活中發現藝術之美，簡單、易學讓我們享受終生學習的樂趣，也讓我們更懂得愛自己進而享受生活，甚至也與周圍的人關係更愉悅融洽。透過纏繞畫的練習；體悟每個人都是獨一無二的，所以無需比較；每天練習一點點、就會進步一點點；多感恩、多讚美；生命是沒有橡皮擦的藝術品……等等。

生活在現代社會，每個人都可能有來自工作職場、經濟、家庭、生活或身體健康狀況上種種層面不同的壓力，而只要會拿筆，人人都可以透過學習禪繞畫，幫助自己放鬆、靜心、紓壓，自我療癒後隨時再出發。

當我們安定了自己的身心靈時，受惠的除了自己，還有身邊的人，包括同事、家人、朋友等等，最後是整個公司或家庭更向上揚升，甚至整個社會更和諧更進步。在專業的認證教師帶領下，透過完整的教學系統和經驗分享，幫助每一個人從自身開始，進而發揮正向影響力，從家庭到工作領域、或從自我成長到人際關係，進而發展出另一番新天地。

一、**課程名稱**：禪繞藝術生活

二、**課程目的**：

❶ 協助人們了解與學習畫禪繞，幫助自己放鬆紓壓、生活愉快。

❷ 禪繞畫有如腦內瑜珈，啟發人們感受生活之美、經營藝術生活。

❸ 禪繞精神融入生活智慧，提升創造力，有助於自我提升或運用在生活中各個場域。

三、**主辦單位**：公司福委會。

四、**協辦單位**：禪繞認證教師群。（聯絡人：安琪拉老師 0935xxxxxx）

五、**參加對象**：公司員工與眷屬。

六、**參加人數**：6 人即開班，滿 12 人增加助教一名，因應場地限制最多＿＿人。

七、**開課期間**： 一期 4 堂共 8 小時（每週一次 2 小時）（可視情況調整一期 6 堂或 8 堂或 12 堂）

八、**開課地點**：公司福委會安排場地。（或有其他）

九、**指導老師**：黃歆娉、何佩蓁等師資群。（講師資歷見附件一）

十、**課程費用**：學費含材料共 3000 元。（以一期 4 堂為例）（此部分需再討論）

十一、**報名方式**：請洽福委會。

十二、**聯絡人**：安琪拉 老師／0935xxxxxx／xxx@gmail.com

十三、**課程計畫**

◎教學重點

　　本活動的教學重點在於帶領學員認識禪繞精神並學習禪繞畫，使學員對禪繞畫有初步的認識並創作自己獨一無二的作品，學習禪繞畫的同時達到舒解身心壓力，進而將禪繞精神和畫禪繞的方法運用到生活中，簡單容易的在身心靈上成長，享受藝術生活之美。

授課的內容包括：

（一）禪繞畫簡介和導論。

（二）禪繞畫入門課程：❶ 禪繞圖樣基礎練習／❷ 陰影和立體感／❸ 禪繞圖樣變化與解析／❹ 作品分享與欣賞解析

（三）禪繞藝術應用與生活。

◎課程進度：以一期 4 堂，每週一次 2 小時為例

日期／星期	課程進度
／（ ）	第 1 週： 相見歡、認識禪繞畫、導讀與簡介 學習禪繞圖樣 5 元素 isco ，8 步驟與入門圖樣 作品：二個瓶子與我的禪繞 101
／（ ）	第 2 週：禪繞畫入門，入門圖樣與技法練習，學習組合圖樣
／（ ）	第 3 週：入門圖樣與技法練習，學習組合圖樣，作品欣賞與交流
／（ ）	第 4 週：入門圖樣與技法練習，學習組合圖樣，作品欣賞與交流

十四、本計畫經？（ ）核准後實施，修正時亦同。

安琪拉老師簡歷

- 中國文化大學廣告系
- 銘傳大學教育研究所
- 安琪拉樂藝工作室負責人
- 美國 Zentangle 公司認證亞洲華語師資 CZTAsia02
- 日本和諧粉彩正指導師
- 財團法人亞太文化學術交流基金會董事
- 能藝企業有限公司特約講師
- 中國心理健康指導師（高級）
- Facebook 粉絲專頁：安琪拉樂藝工作室和諧粉彩藝天堂

官網 QR code

◎ 2016 年

- 台北市國小晨光禪繞畫老師
- 台北市兒童禪繞開學收心營禪繞畫老師
- 遠東商業銀行 VIP 享樂講堂禪繞畫講師
- 美商如新企業家團隊演講禪繞畫講師

◎ 2017 年

- 台北市國小晨光禪繞畫老師
- 華碩電腦公司舒心禪繞畫演講禪繞畫講師
- 能藝企業有限公司國際書展專案特約顧問
- 台北市教師會舒心禪繞研習禪繞老師
- 全球人壽舒心療癒粉彩講座老師

◎ 2018 年

- 台北市台灣禪繞教師協會第四次籌備大會總協調
- 台北市誠品書店中山站禪繞燙金紅包課程接洽人
- 台北市國際書展金喜洋洋禪繞手作活動負責人
- 台北市亞洲髮型化妝國際大賽禪繞延伸藝術組評審老師
- 遠東國際商業銀行特別專案禪繞與粉彩老師
- 台北市教師會心靈 SPA 禪繞畫禪繞畫老師
- 能藝企業有限公司華山文創日常惜字所手作藝術老師
- 台北市佳醫美人企業客戶 VIP 禪繞紅包活動助理講師

◎ 2019 年

- 能藝企業有限公司華山文創日常惜字所手作藝術老師
- 國立科學教育館特約講師
- 文化大學推廣教育部特約講師
- YOTTA 線上課程「舒心粉彩」合作講師
- 桃園市永順國小家庭教育舒心禪繞研習講師
- 台北市教師會舒心彩繪曼陀羅研習講師

講師資料表

姓名		身分證字號		照片
出生日期	民國___年__月__日	性　別		
現任單位				
學　歷				
聯絡電話	（公）　　　　　（家）			
行動電話		Email		
緊急聯絡人	（緊急聯絡人電話）			
個人專長或研究領域				
曾開授課程名稱及單位				
個人網站或粉絲專頁				
個人簡介				
至本單位授課是經由	□自我推薦 □相關人士推薦推薦人：			

課程大綱

課程名稱：	
授課講師：	
課程時間：	
課程理念或教學目標：	
課程大綱：	
課程介紹： （請控制在 100 字內，招生文宣使用）	

課程進度表（以 12 週為例）

日期 / 星期	課程進度
／ （ ）	第 1 週：
／ （ ）	第 2 週：
／ （ ）	第 3 週：
／ （ ）	第 4 週：
／ （ ）	第 5 週：
／ （ ）	第 6 週：
／ （ ）	第 7 週：
／ （ ）	第 8 週：
／ （ ）	第 9 週：
／ （ ）	第 10 週：
／ （ ）	第 11 週：
／ （ ）	第 12 週：

一日工作坊課程企畫書

課程名稱：

一、日期：＿＿＿年＿＿＿月＿＿＿日（星期＿）

二、時間：□上午：＿＿點～＿＿點　□下午：＿＿點～＿＿點
　　　　　□晚上：＿＿點～＿＿點

三、地點：本單位＿＿＿＿＿＿會議室

四、課程內容簡單說明：

＿＿＿＿＿＿＿＿＿＿＿＿＿＿＿＿＿＿＿＿＿＿＿＿＿＿＿＿＿＿＿＿＿＿＿

＿＿＿＿＿＿＿＿＿＿＿＿＿＿＿＿＿＿＿＿＿＿＿＿＿＿＿＿＿＿＿＿＿＿＿

五、課程對象：□一般社會大眾　　□建議＿＿歲以上較佳　　□幼稚園學生建議親子共同參加

六、工作坊流程：

時間	活動內容	人員／協力
＿＿點＿＿分～＿＿點＿＿分	報到、活動開場	主辦單位
上午第一節　＿＿點＿＿分～＿＿點＿＿分	上午第一節課程內容＿＿＿＿＿＿＿	講師：＿＿＿＿老師
上午第二節　＿＿點＿＿分～＿＿點＿＿分	上午第一節課程內容＿＿＿＿＿＿＿	講師：＿＿＿＿老師
午休	自理	
下午第一節　＿＿點＿＿分～＿＿點＿＿分	下午第一節課程內容＿＿＿＿＿＿＿	講師：＿＿＿＿老師
下午第二節　＿＿點＿＿分～＿＿點＿＿分	下午第一節課程內容＿＿＿＿＿＿＿	講師：＿＿＿＿老師

七、經費：

項目	單位	金額	總金額	備註
講師費	小時			講師資歷：＿＿＿＿＿＿老師 現任：＿＿＿＿＿＿＿　曾任：＿＿＿＿＿＿＿
材料費	一人			購買下列材料共＿＿＿＿份 共用材料包括：＿＿＿＿＿＿＿等
合計				
※ 以上金額核實支付，各項費用不足款部分得相互流用。				
※ 經費擬由＿＿＿＿年＿＿＿＿項下支應（合作單位填）。				

NOTE

微型 MICRO-
創業 ENTERPRISE
必修課
COMPULSORY COURSE

辭掉過去自己，
用行動翻轉窮忙人生

書　　　名	微型創業必修課：辭掉過去自己，用行動翻轉窮忙人生
作　　　者	安琪拉
發　行　人	程顯灝
總　企　劃	盧美娜
主　　　編	譽緻國際美學企業社・莊旻嬑
美　　　編	譽緻國際美學企業社・羅光宇

藝文空間	三友藝文複合空間
地　　址	106 台北市安和路 2 段 213 號 9 樓
電　　話	（02）2377-1163

發　行　部	侯莉莉
出　版　者	四塊玉文創有限公司
總　代　理	三友圖書有限公司
地　　　址	106 台北市安和路 2 段 213 號 9 樓
電　　　話	（02）2377-4155
傳　　　真	（02）2377-4355
E - m a i l	service @sanyau.com.tw
郵政劃撥	05844889 三友圖書有限公司

總　經　銷	大和書報圖書股份有限公司
地　　　址	新北市新莊區五工五路 2 號
電　　　話	（02）8990-2588
傳　　　真	（02）2299-7900

初版　2019 年 8 月
定價　新臺幣 420 元
ISBN　978-957-8587-78-6（平裝）

◎版權所有・翻印必究
◎書若有破損缺頁請寄回本社更換

國家圖書館出版品預行編目（CIP）資料

微型創業必修課：辭掉過去自己,用行動翻轉窮忙
人生 / 安琪拉作. -- 初版. -- 臺北市：四塊玉文創,
2019.08
　　面；　公分
ISBN 978-957-8587-78-6（平裝）

1.創業 2.企業管理

494.1　　　　　　　　　　　108009593

SANYAU
http://www.ju-zi.com.tw
三友圖書
友直 友諒 友多聞

三友官網

三友 Line@